트래블로그Travellog로 로그인하라!
여행은 일상화 되어 다양한 이유로 여행을 합니다.
여행은 인터넷에 로그인하면 자료가 나오는 시대로 변화했습니다.
새로운 여행지를 발굴하고 편안하고
즐거운 여행을 만들어줄 가이드북을 소개합니다.

일상에서 조금 비켜나 나를 발견할 수 있는 여행은
오감을 통해 여행기록TRAVEL LOG으로 남을 것입니다.

블라디보스토크 사계절

블라디보스토크의 1월 평균기온은 영하 12.3℃로 이보다 더 내려가는 경우도 흔한 일이다. 그래서 10월에서 3월까지 바다가 얼어붙는다. 지구온난화로 여름에 최고기온이 +33℃까지 올라간 적도 있고, 습도가 집중되기 때문에 여름이 시원하지 않을 때도 있다.

봄 | 4~5월

봄이지만 4월의 블라디보스토크는 겨울이 끝나지 않은 시기로 도로에 눈이 보이기도 한다. 5월은 본격적으로 여름으로 넘어가는 시기로 블라디보스토크 여행을 하기 좋다. 봄에는 날씨의 변동이 심하고, 비가 자주 온다.

여름 | 6~8월

블라디보스토크의 관광성수기로 맑은 날씨를 자주 만날 수 있다. 기온은 12~16℃ 정도이다. 1년 중에서 쾌청한 날씨가 많고, 대한민국의 습하고 뜨거운 여름날씨가 싫은 여행자에게 블라디보스토크의 여름날씨는 매우 쾌적하게 느껴진다.

VLADIVOSTOK

가을 | 9~10월

블라디보스토크의 9월 초는 날씨가 쾌청하고 덥지도 않아 블라디보스토크여행을 가장 하기 좋은 시기이다. 시민들은 10월 31일을 가을의 마지막으로 생각한다. 여름 성수기의 북적이는 관광객을 피하고 싶다면 9월 여행을 추천한다. 10월의 날씨는 봄 날씨처럼 날씨의 변동이 심하지만 가을 색채에 가장 아름다운 자연을 만끽할 수 있다.

겨울 | 11~4월

블라디보스토크의 겨울 평균 기온은 –16.3°/–8.8°로 춥다. 밤이 길고 어두운 날들이 더 춥다고 느껴지게 만든다. 항공사와 여행사, 숙소들이 할인행사를 하기 시작한다.

Contents

블라디보스토크

블라디보스토크 여행에 꼭 필요한 Info

Intro

2017년 10월에 선보인 블라디보스토크의 대단한 인기로 좋기도 하였지만 더욱 좋은 가이드북을 만들어야 한다는 생각에 부담도 되었다. 1, 2, 3쇄로 인쇄를 해서 출간할 생각이었다가 블라디보스토크의 더 많은 정보를 원하시는 독자의 부름에 더욱 보강을 하여 출간을 하였고 5개월 만에 블라디보스토크의 추가 자료까지 보강하여 대한민국에서 가장 자세한 가이드북이 되었다고 자평하고 출간할 예정이었다.

그런데 점점 블라디보스토크여행을 하고 돌아오는 것이 아니라 시베리아 횡단 야간열차를 타고 하바롭스크를 같이 여행하는 관광객이 늘어나고 있었다. 결국 새로 책을 쓰는 수준과 동일하게 가장 자세한 블라디보스토크 정보와 새로운 도시인 하바롭스크,이르쿠츠크까지 합쳐 블라디보스토크 & 하바롭스크, 이르쿠츠크가 탄생하게 되었다. 앞으로도 독자의 성원에 보답하기 위해 블라디보스토크의 새로운 정보를 찾아 지속적으로 보강할 계획에 있다. 4~5개월마다 추가 정보를 지속적으로 업데이트할 예정이다.

뭔가 쉽고 가볍게 떠나는 색다른 여행은 없을까? 어디론가 멀리 떠나고 싶기도 하지만 마음대로 휴가를 낼 수 있는 상황은 아니기에 직장인은 가까운 여행지를 선호한다. 여기저기 알아보다가 블라디보스토크를 알게 된 여행자가 대부분이다. 그런데 블라디보스토크에 대한 정보는 블로그 정도만 있었다. 그러다가 2016년 가을부터 블라디보스토크는 대한민국 여행자에게 점점 익숙해지게 되었고 각종 TV의 여행프로그램인 배틀 트립에 2회, 권상우와 정준하의 사십춘기에 소개가 되면서 2시간에 만나는 유럽으로 대세 여행지로 변모하였다. 2018년 봄에는 짠내투어, 블라디보스토크가 방송되어 더욱 자세하게 블라디보스토크에 대해 방송되었다.

블라디보스토크 시내에는 유럽의 다른 도시가 그러하듯이 100년이 넘은 건물들이 즐비하다. 19세기 말부터 20세기 초반까지 유럽에서 유행하던 양식의 고전 건축물들이라 보고 있으면 유럽에 온 기분이 든다. 그래서 대한항공의 블라디보스토크 행 노선의 공식 광고 문구를 '대한민국에서 가장 가까운 유럽'이라고 부르면서 지금은 누구나 이야기하는 문구가 되었다.

해외여행을 1박2일부터 2박3일, 3박4일, 4박5일까지 따뜻한 봄날의 햇살을 여유롭게 킹크랩을 먹고 카페에서 커피를 즐기고 싶다면, 사람들로 꽉 찬 해수욕장의 부산함을 피해 나만의 해수욕을 하고 싶다면, 아름다운 겨울 스키장에서 저렴하고 여유롭게 보드와 스키를 타고 싶다면 블라디보스토크로 떠나야 한다.

대한민국에서 가장 가까운 유럽인 블라디보스토크는 2012년 동방경제포럼을 계기로 푸틴이 극동의 중심지로 블라디보스토크를 바꾸고 있어 지속적으로 관심이 증가하고 도시는 정비되고 있다. 여행자에게 점점 나아지는 도시의 모습을 보여주고 있다. 아직 여행자들은 블라디보스토크에서도 2박3일 정도의 패키지나 주말여행을 하는 아쉬운 여행패턴을 가지고 있지만 점점 블라디보스토크에서 쉬어가는 지혜를 알려줄 것이다.

2017년을 계기로 러시아 가이드북으로 조금씩 블라디보스토크가 소개되고 있지만 블라디보스토크 여행은 대부분 도시 안에서 정형적으로 여행하는 경우가 90%가 넘지만 2번 이상 블라디보스토크 여행을 가는 여행자들은 더욱 자세한 가이드북을 원했다. 이에 블라디보스토크의 세세한 정보에 새롭게 시베리아 횡단열차를 타고 하바롭스크까지 여행하기를 원하는 여행자들을 위해 트래블로그 블라디보스토크 & 하바롭스크는 탄생할 수 있었다. 이 가이드북을 위해 아르바트의 모든 레스토랑과 카페에서 먹고 블라디보스토크 시내를 직접 다 걸어 다니면서 자료를 찾았고, 블라디보스토크 시민들은 친절하게 도시를 알려주면서 같이 가이드북을 만들 수 있었다.

블라디보스토크는 각종 TV프로그램에 소개되고 지속적으로 저가항공 노선이 추가되면서 새로운 인기 여행지로 변모하고 있다. 이제 대한민국의 많은 관광객이 찾는 여행지로 바뀌어 가는 블라디보스토크이지만 러시아어를 모르는 여행자를 위해 쉽게 여행할 수 있도록 정보를 실었다. 블라디보스토크와 하바롭스크에 대한 모든 정보를 원한다면 트래블로그 블라디보스토크 & 하바롭스크, 이르쿠츠크에서 찾아볼 수 있을 것이라고 자부한다.

도와준 러시아인

엔지니어로 일하는 **보리스**Boris

대학생 **올리아**Olya

대학생 **안드레이**Andrey

블라디보스토크 한눈에 알아보기

블라디보스토크는 프리모르스키 크라이(연해주)의 행정중심지로 러시아 극동 지방의 최대 도시이자 러시아 태평양 함대의 거점인 군사도시이기도 하다. 행정구역은 5개로 나뉘는데 레닌스키 구, 페르보마이스키 구, 페르보레첸스키 구, 소베츠키 구, 프룬젠스키 구이다.

인구 60만 명 정도의 블라디보스토크는 근교인 광역권까지 합쳐 100만 명이 조금 넘는 도시라 규모는 한국의 중소 도시와 규모가 비슷하다. 2012년 이후로 블라디보스토크 시와 연해주 정부는 킹크랩 축제, 블라디보스토크 마라톤 등 블라디보스토크에서 개최되는 축제들을 소개하는 한국어 사이트까지 만들 정도로 시 차원에서 한국인 관광객 유치에 공을 들이고 있다.

▶**국가** | 러시아
▶**행정구역** | 극동 연방관구 연해주
▶**인구** | 약 60만 명(608,235 / 2017년 기준)
▶**면적** | 331.16㎢(서울특별시의 절반 정도)
▶**시차** | 1시간 빠르다
▶**언어** | 러시아어

▶블라디보스토크 연간 기후

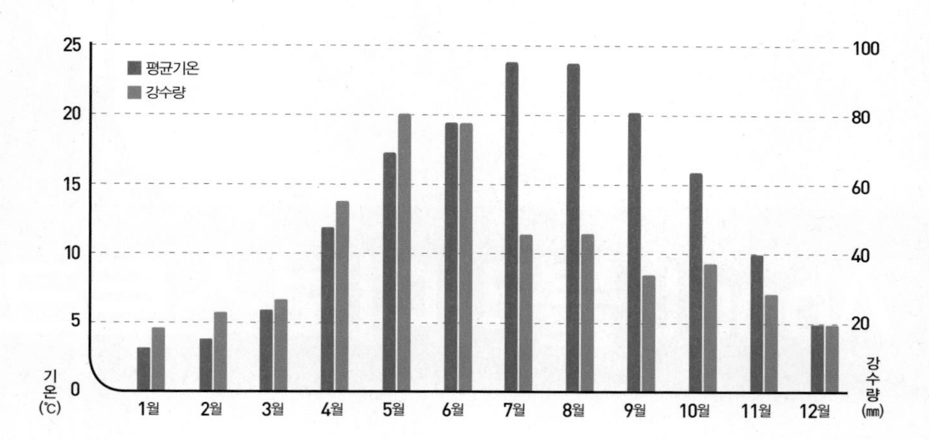

거주지등록

블러디보스토크뿐만 아니라 러시아를 입국 할 때에 7일 이상 머물려고 하면 반드시 거주지 등록을 해야 한다. 예를 들면, 러시아(무비자) 입국 시에는 주말을 제외한 평일 날짜만 세어 7일이상 머물려면 7일이내에 거주지 등록을 필히 해야 한다. 현지인 집에 머물 때는 근처 우체국에서 간단히 할 수 있고, 호텔이나 호스텔에서 머물 때에는 숙소에 말을 미리 해놓으면 거주지 등록이 완성된다.

About 블라디보스토크

블라디보스토크라는 도시의 출현

블라디보스토크가 우리에게 다가온 결정적인 계기는 2002년 APEC 정상회담이 열리면서이다. 러시아어로 '동방 정복'이란 뜻을 지닌 블라디보스토크는 이름부터가 러시아의 '동진(東進)'을 반영한 근대 도시다. 블라디보스토크가 있는 연해주는 원래 중국 영토였으나 1858년 '애혼 조약'과 1860년 '베이징조약'을 거쳐 러시아의 영토가 되었고, 아시아로 부동항을 찾아 항구가 만들어졌다.

전쟁 후에는 구소련 태평양 함대의 최전선 기지였기 때문에 오랫동안 외국인의 출입이 금지되었는데 1992년 1월에 전면 개방하면서 개발되기 시작했다. 그 후 2000년대에 들어 본격적인 외국인 유치를 위해 도시를 정비하면서 지금에 이르고 있다.

위대한 승전의 도시

블라디보스토크는 또 과거부터 러시아 해군의 극동사령부가 위치한 군항이다. 그런 만큼 각종 군사시설과 기념비들을 찾아볼 수 있다. 중앙광장에는 커다란 무명용사들 조각상이 있고, 한쪽에 러시아 대통령이 이 도시를 위대한 승전의 도시로 지정한다는 내용의 비석이 세워져 있다. 그리고 2차 세계대전 참전용사를 기리는 묘역에는 당시 전투에 참가했던 S-56 잠수함이 설치되어 있다. 이곳 조선소에서 건조된 S-56함은 파나마운하를 지나 유럽 전역에 투입돼 나치독일 해군과 전투를 벌였다.

아르바트거리

아르바트 거리는 원래 수도인 모스크바에 있는 예술가들이 모여 살던 곳이다. 블라디보스토크에 있는 아르바트 거리의 정식 명칭은 포킨제독거리이다. 19세기에는 블라디보스토크를 러시아에 영구 귀속시킨 청나라와의 베이징조약(1860년)이 체결됐기 때문에 베이징거리라고 불리기도 했다. 이곳이 블라디보스토크의 아르바트거리라고 불리게 된 것은 아름다운 카페나 고풍스러운 건물들이 들어선 이후 사람들이 즐겨 찾게 되면서부터. 길지 않은 아르바트 거리를 걸어 내려가면 해변에 닿는다. 해양공원이다. 한여름 블라디보스토크 해변에는 일광욕을 하는 사람들과 관광객으로 넘친다.

시베리아횡단열차의 시작점

극한을 체험할 수 있는 대지인 시베리아는 추운 땅의 대명사이다. 주민의 90%는 러시아인으로, 우크라이나, 벨라루스 인도 일부 있다. 시베리아 철도 주변에 많이 거주하고 있으며 주민의 극소수에 불과한 원주민은 삼림 지대와 툰드라 지대에서 목축업, 순록, 수렵, 어업에서 일하고 있다. 북극의 겨울은 아침이 9시가 되어야 밝아지기 시작해 빙점 아래인 영하 40도가 되면 공기 중의 미세한 수증기가 결빙되어 마치 안개 낀 것처럼 주위가 변해 버린다.

미소의 다른 개념

외국인이라고 하면 우리는 친절한 미소로 웃으며 대화를 나눈다. 그렇지만 러시아에서는 미소를 함부로 남발하면 안 된다. 미소를 자주 지으면 진실하지 못한 사람으로 생각하게 된다. 러시아인은 지인에게만 미소를 지으며 어떤 이야기를 해야 할 경우에만 미소로 대응한다. 블라디보스토크에서 불친절하다고 이야기하는 관광객이라면 한번쯤은 미소의 다른 개념을 알면 좋을 것이다.

러시아인은 진실로 기분이 좋았을 때만 미소로 표현하며 러시아에서 다른 사람을 기분 좋게 하거나 용기를 주는 미소는 없다. 어떤 사람이 미소를 지으면 러시아인은 미소에 대한 이유를 찾기 위해 생각한다. 그래서 공항의 세관검사나 상점의 직원, 음식점의 종업원들도 웃지 않는다. 상냥한 미소로 인사하는 카페의 직원을 기대했다면 불친절하다고 느낄 수 있다. 그래도 자본주의되면서 관광객이 늘어나 자신들에게 직접적으로 도움이 된다고 판단한 블라디보스토크 시민이나 카페나 레스토랑의 직원들은 미소를 지어준다. 관광객이 늘어나면서 시민, 카페 직원들이 바뀐 것이다.

대화의 거리

러시아인은 침해받고 싶어 하지 않는 개인의 영역의 크기가 아시아인들보다 크지만 미국인들보다는 작다. 미국보다 더 가깝게 다가가 이야기하지만 아시아 사람들보다 더 멀리 떨어져 대화를 나눈다. 가까운 사이가 아닐 경우 일반적으로 팔로 닿을 수 있는 거리정도에서 거리를 두고 이야기를 나눈다. 친구와는 더 가까운 거리에서 대화를 나누지만 회사에서 더 먼 거리에서 대화를 하려고 한다. 악수도 가까운 사이일수록 손을 오래 잡고 있고 가까운 사이가 아니라면 짧게 악수를 한다. 악수를 할 때 힘을 너무 주는 것도 에티켓이 아니다. 악수를 하면서 다른 손으로 재빨리 잡으려고 하는 것은 상대가 공포를 느낄 수도 있으니 삼가는 것이 좋다.

대화를 하면서 눈을 마주치는 것도 뚫어지게 쳐다보면 공격하거나 강요를 하려는 것으로 간주하고 눈을 보지 않고 이야기하면 숨기는 것이 있다고 생각한다. 러시아인은 대화에서 제스처를 많이 사용한다. 그래서 대화를 하는 거리가 필요한 것일 수도 있을 것이다. 손가락으로 사람이나 사물을 지적하는 것은 예의가 아니니 조심해야 한다. 블라디보스토크에서 뿐만 아니라 러시아로 입국할 때 공항에서 문제가 생기지 않도록 알고 있으면 편리하다. 공항이나 공공장소, 거리에서 사람을 쉽게 사귀지 않는다. 손님으로 초대되었을 때 모임에서 만날 때 사람을 새로 사귀기 때문에 길가에서 만나 친구가 되는 것은 현실에서 힘들다. 길가에서 길을 물을 때 잘 알려주지만 그 이상의 질문은 안 하는 것이 좋다.

블라디보스토크에 관광객이 증가하는 이유

1. 약 2시간 30분 거리에 위치한 유럽

한반도에서 북한의 라선 특별시와 가장 가까우며 대한민국을 기준으로 서울까지 780㎞에 불과하여 중국의 베이징(950㎞)이나 일본의 도쿄(1,160㎞)보다도 가까운 도시가 블라디보스토크이다. 대한민국에서 대한항공을 타고 가면 북한 영공을 피해 중국으로 둘러가므로 실제 거리에 비해 비행시간이 3시간으로 길어진다. 러시아 국적기인 러시아 항공인 아에로플로트 혹은 S7항공을 탈 경우 북한 영공을 가로질러 가므로 비행시간이 2시간으로 짧아진다.

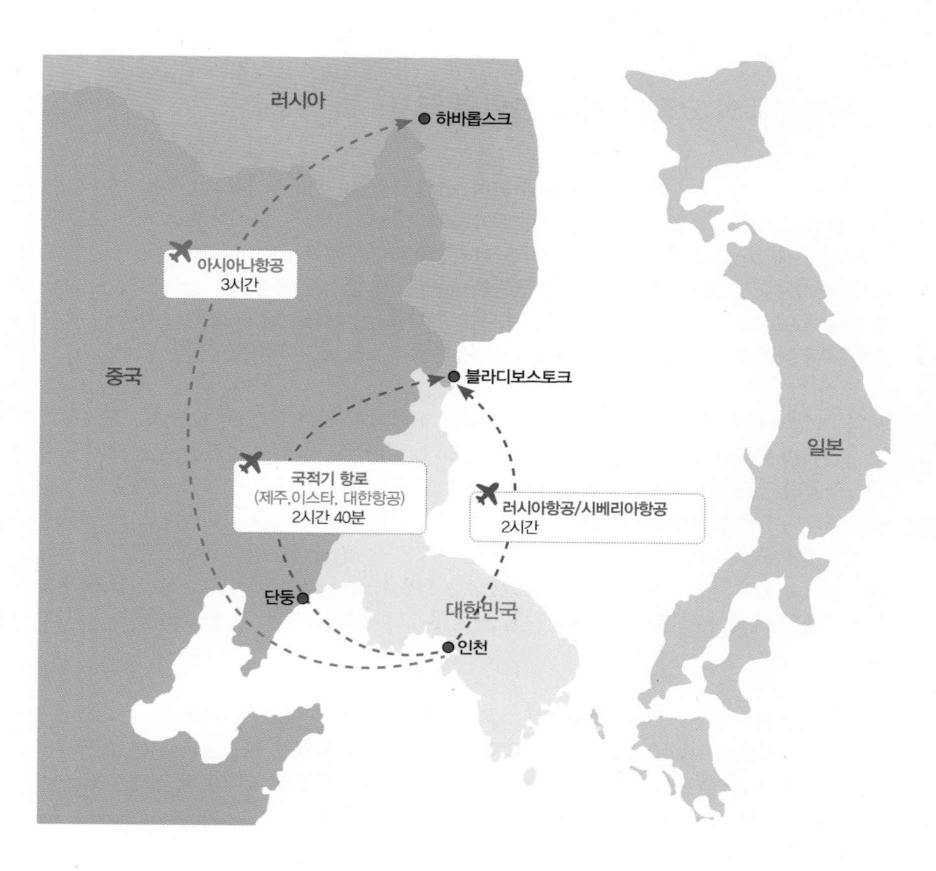

2. 독립운동의 요람, 연해주 한인의 역사

구한말부터 한인(고려인)들이 많이 이주하여 1937년 중앙아시아로 강제 이주될 때까지 블라디보스토크에서 신한촌을 이루었다. 1860년에 최초로 연해주 포시에트 지역에 조선인 13가구가 정착함으로써 연해주 한인의 역사가 새롭게 시작됐다. 이후 1869년에는 한반도 북녘 대기근으로 조선인들의 이주가 급증하며 인구가 1만 명 이상으로 늘어났다. 현재의 블라디보스토크는 백인이 90%가 넘는 도시라 상상하기 어렵지만 20세기 초까지만 해도 홍콩이나 싱가포르 등이 그렇듯 전체 인구의 5분의 4는 중국인이나 한국인인 도시였다.

지역 내 콜레라가 발생하자 러시아 정부에서는 조선인의 위생 상태를 원인으로 지목하였고, 그 결과 1910년대 초반까지 블라디보스토크 내로 이주, '신한촌'이라는 한인 거주지가 건설되었다. 신한촌의 1914년 당시 인구는 무려 63,000명으로, 비슷한 시기 일제강점기 경성부의 인구가 27만 여명이었다는 것을 보면 정말 엄청난 숫자다. 이러한 영향으로 연해주 독립 운동가들의 거점으로 가장 먼저 임시정부격인 단체인 국민의회가 설립되기도 하였다. 그러나, 일제와 연해주 총독의 압박 등으로 한인사회가 무너지고, 자유시 참변 등으로 독립군들의 타격이 크면서 연해주의 독립운동은 1930년대 이후에 제대로 활동을 하지 못했다.

1937년에 스탈린의 명령으로 연해주에 거주 중이던 모든 한인들을 열차에 태워 카자흐스탄 혹은 우즈베키스탄 등으로 강제 이주시켰다. 강제이주 사유는 한인들과 일본 첩자들의 외모가 비슷하게 생겨 구분할 수 없으니 추방시키자는 이유였다. 그 이후, 연해주에 거주하던 다른 소수민족들도 강제 이주 당했다.

3. 러시아의 과거와 미래 역사가 공존

블라디보스토크의 거리를 누비는 차량들은 주로 한국이나 일본에서 들여온 중고차들이다. 승용차는 대부분 운전석이 오른편에 위치한 일제 중고차. 버스는 대부분 한국산 중고차. 낡은 차량들의 행렬, 탁한 공기, 웃음기를 잃은 사람들의 표정 등을 살피다 보면 이곳은 유럽인 듯 유럽 아닌 유럽 같은 나라, 바로 러시아임을 실감하게 된다.

현재 30여개의 한국 기업이 진출해있다. 주된 산업은 조선업과 포경 · 게 등 어업, 어류 · 해산물 가공업, 군항 관련 산업이다. 선박수리, 목재가공, 식료품 공업도 있다. 남동쪽의 나홋카는 제2차 세계대전 뒤에 열린 상 · 어항으로 러시아의 극동으로 향하는 제2의 관문이다. 러시아 해군 태평양 함대의 모항이기 때문에 종종 각국의 해군함 들이 친선 사절로 온다. 한국도 1994년부터 매년 군함을 보내고 있다.

블라디보스토크에서는 개인사업과 국제 무역, 관광이 활발히 이루어지고 있으며, 동방경제 포럼이 2015년부터 열리고 있으며 2017년에는 문재인 대통령이 방문하기도 하였다. 국제 심포지엄과 학술회의 등도 자주 열린다.

4. 발전하는 블라디보스토크

2012년, APEC 개최를 계기로 도시가 급속하게 발전하고 있다. 루스키 섬에 위치한 극동 국립대학 캠퍼스를 비롯하여 루스키 섬과 본토를 연결하는 세계 최장 사장교와 아이스하키 경기장, 오페라 하우스, 5성급 호텔 블라디보스토크 국제공항 리모델링 등 이전에는 생각지도 못한 인프라들이 구축되고 있다.

러시아 정부가 극동 개발을 국가 역점 사업으로 선정하고 낙후된 극동을 개발하기 위한 전초기지로 블라디보스토크를 선택했기 때문이다. 현대중공업의 공장이 들어서고 대한민국과 일본등지로 수출할 가스 터미널을 짓는 등 산업 인프라 역시 구축 중이다. 러시아 내부에서는 블라디보스토크를 모스크바와 상트페테르부르크에 이은 제3의 수도로 육성해야 된다는 소리가 나올 정도여서 기존 극동 지방의 중심지였던 하바로프스크는 마땅치 않은 눈치를 보내고 있다. 러시아 정부는 블라디보스토크를 특별 경제구역으로 지정하였고 2015년부터 동방경제포럼이 매년 개최되면서 더욱 주목을 받고 있다.

5. 저렴한 물가로 먹고 마시는 즐거움

블라디보스토크 물가는 꽤 저렴하다. 엉뚱한데서 심한 바가지를 당해도 견딜 수 있어서 부담이 적다. '주마ZUMA같은 고급식당에서 저녁을 먹어도 1인당 1200루블이면 되고, 2천 루블(원화 약 4만원)이면 하루 동안 풍족하게 보낼 수 있다. 신용카드도 잘 사용되는 편이다. 2015년 이후부터 블라디보스토크 시와 연해주 정부는 킹크랩 축제, 블라디보스토크 마라톤 등 블라디보스토크에서 개최되는 축제들을 소개하는 한국어 사이트까지 만들 정도로 시 차원에서 한국인 관광객 유치에 공을 들이고 있다.

블라디보스토크 여행 잘하는 방법

1. 도착하면 관광안내소(Information Center)를 가자.

어느 도시이든 도착하면 해당 도시의 지도를 얻기 위해 관광안내소를 찾는 것이 좋다. 공항에 나오면 중앙에 크게 'i'라는 글자와 함께 보인다. 환전소를 잘 몰라도 문의하면 친절하게 알려준다. 방문기간에 이벤트나 각종 할인쿠폰이 관광안내소에 비치되어 있을 수 있다.

2. 심카드나 무제한 데이터를 활용하자.

공항에서 시내로 이동할 때 택시를 이용하려면 막심 어플을 이용해야 바가지를 쓰지 않는다. 또한 저녁에 숙소를 찾아가는 경우에도 구글맵이 있으면 쉽게 숙소도 찾을 수 있어서 스마트폰의 필요한 정보를 활용하려면 데이터가 필요하다. 심카드를 사용하는 것은 매우 쉽다. 엠테에스(MTC)와 빌라인 билайн 매장에 가서 스마트폰을 보여주고 데이터의 크기만 선택하면 매장의 직원이 알아서 다 갈아 끼우고 문자도 확인하여 이상이 없으면 돈을 받는다.

3. 달러나 유로를 '루블(Rub)'로 환전해야 한다.

공항에서 시내로 이동하려고 할 때 버스(107번)를 가장 많이 이용한다. 이때 러시아 '루블Rub'이 필요하다. 공항에서 필요한 돈을 환전하여 가고 전체 금액을 환전하기 싫다고 해도 일부는 환전해야 한다. 시내 환전소에서 환전하는 것이 더 저렴하다는 이야기도 있지만 금액이 크지 않을 때에는 큰 차이가 없다.

4. 버스에 대한 간단한 정보를 갖고 출발하자.

블라디보스토크는 현지인이 버스를 많이 이용하기 때문에 버스가 중요한 시내교통수단이다. 버스정류장도 잘 모르고 독수리전망대(38번)나 루스키 섬(15번)을 가려고할 때 버스를 몰라 당황하는 경우가 많이 발생한다. 또한 버스는 뒷문으로 탑승하여 내릴 때 앞문으로 내리면서 버스비를 동전으로 내기 때문에 미리 버스비를 준비하여 탑승하는 것이 좋다. 같이 여행하는 인원이 3명 이상이면 택시를 활용해도 여행하기 불편하지 않다. 다만 렌트카를 이용해 여행하는 것은 추천하지 않는다. 운전이 험하고 표지판을 보아도 어디인지 알 수 없어 렌트카로 원하는 곳을 찾기가 쉽지 않아 제한이 있을 수 있다.

5. '관광지 한 곳만 더 보자는 생각'은 금물

블라디보스토크는 쉽게 갈 수 있는 해외여행지이다. 물론 사람마다 생각이 다르겠지만 평생 한번만 갈 수 있다는 생각을 하지 말고 여유롭게 관광지를 보는 것이 좋다. 한 곳을 더 본다고 여행이 만족스럽지 않다.

자신에게 주어진 휴가기간 만큼 행복한 여행이 되도록 여유롭게 여행하는 것이 좋다. 서둘러 보다가 지갑도 잃어버리고 여권도 잃어버리기 쉽다. 허둥지둥 다닌다고 블라디보스토크를 한 번에 다 볼 수 있지도 않으니 한 곳을 덜 보겠다는 심정으로 여행한다면 오히려 더 여유롭게 여행을 하고 만족도도 더 높을 것이다.

6. 아는 만큼 보이고 준비한 만큼 만족도가 높다.

블라디보스토크의 관광지는 대한민국과 관련된 유적도 있고 역사와도 긴밀한 관련이 있다. 그런데 아무런 정보 없이 본다면 재미도 없고 본 관광지는 아무 의미 없는 장소가 되기 쉽다. 1박 2일이어도 역사와 관련한 정보를 습득하고 블라디보스토크 여행을 떠나는 것이 좋다. 아는 만큼 만족도가 높은 여행지가 블라디보스토크이다.

7. 에티켓을 지키는 여행으로 현지인과의 마찰을 줄이자.

현지에 대한 에티켓을 지키지 않는 대한민국 관광객이 늘어나고 있어 대한민국에 대한 인식이 나빠지고 있다. 러시아의 블라디보스토크로 여행하기 때문에 러시아인에 대해 에티켓을 지켜야 하는 것이 먼저다.

8. 예약과 팁(Tip)에 대해 관대해져야 한다.

러시아는 팁을 받지 않는 레스토랑이 많다. 팁에 대해 미국처럼 신경을 쓰지 않아도 되어 편하게 이용할 수 있다. 대한민국 관광객이 많아지고 있어서 한글로 된 메뉴판을 준비하는 곳이 많다. 그런데 주마ZUMA같은 레스토랑은 팁Tip을 음식가격에 포함시켜 싫다는 반응이 많다. 주마ZUMA는 고급 레스토랑으로 추가적인 서비스를 한다면 반드시 해당하는 서비스 비용을 추가로 받는 것이 원칙이라고 설명해주었다. 다른 고급 레스토랑인 수프라는 예약을 하지 않으면 물밀 듯이 들어오는 고객을 받기가 힘들어 예약이 필수인데 무작정 들어가서 앉으려고 하다가 문제가 생기고 있으니 예약과 팁에 대해 알고 레스토랑에 입장하는 것이 좋겠다.

블라디보스토크를 오래 전부터 다녀온 대범's 여행

1. 치안상태는 나쁘지 않다. 작년부터 한국 관광객이 많아지고 있다. 현지인들은 관광객이 돈을 쓰고 경제가 좋아지고 있기 때문에 호의적이고 친절하다.

2. 예전에는 담배 한 가치를 달라는 등의 빌붙는 경우도 있었는데 지금은 많지 않지만 존재하고 있어 조심하는 것이 좋다. 담배를 피우는 남, 여가 많아 실외에서 담배연기를 마시는 경우도 있다.

3. 정치이야기나 푸틴에 대한 이야기는 삼가 하는 것이 좋다. 민주적이지 않은 푸틴이지만 외국인이 비판적이면 화를 내는 경우도 있다.

4. 노인들 공경문화가 대한민국보다 좋다. 겨울에 춥기 때문에 출입문이 두껍고 무거워서 여자와 노인, 아이들이 문을 열 때는 도와주는 에티켓 필요하다.

5. 버스는 뒷문으로 탑승하여 앞문으로 하차한다. 밤10시 이전에 끊기기 때문에 9시면 숙소로 돌아가는 것이 좋다.

6. 돈을 ATM에서 인출할 때는 한번에 넉넉히 출금하는 것이 좋다.

7. 물은 배관이 오래되고 부실공사도 있어 반드시 사 마셔야 한다.

성 바실리 성당 우스펜스키 대성당

러시아 정교회

크리스트교의 한 파로서, 동방정교회(東方正教會)의 핵심을 이루는 러시아의 자치(自治)교회를 러시아 정교회라고 부른다.

10~15세기

비잔틴에서 러시아에 처음 정교가 들어간 키예프 시대의 러시아정교회는 콘스탄티노플 대주교의 관할 하에 있었다. 그러나 실제의 신앙행사는 수도원에서 행해졌으며, 이를 통해 주기도에 의거한 독자적인 '겸허한 정신'을 쌓아 나갔다. 뒤이은 타타르인(人)의 지배 시대에도 수도적 신앙은 숲속에서 은밀히 유지되었다.

16세기

비잔티움 교회가 이슬람의 지배하에 들어가게 되어, 러시아정교회가 대신 정교회의 구심점으로 대주교구로 격상되었다. 콘스탄티노폴리스의 함락 이후 러시아는 '제3의 로마'를 자처하였다.

아르한겔스크 성당

같은 시기 오스만의 통치를 받는 그리스와 발칸 반도에서는 제한적으로 종교의 자유를 누렸다. 모스크바는 콘스탄티노플을 대신하는 '제3의 로마'로서 동방정교회의 중심적 존재가 되었으나 러시아정교회는 신앙의 '성지'라기보다 제사주의적 · 권위주의적 장소로 바뀌어, 민중 사이에 미신이 유행하기도 해 반권위적인 교회분열과 광신적인 종파가 생겨났다.

18세기

표트르 1세에 의한 총주교좌 폐지 후에 정교회는 약화하여, 그 후 명맥만이 유지되었다.

1917년 러시아혁명 후

반종교적인 소비에트 정권에 의해 10여 년에 걸쳐 박해를 받았고 1930년에 절정을 이루었다. 그 후에도 교회는 종교적 행동을 제한받아, 포교 · 종교교육 · 자선사업 등을 할 수 없었으며, 개인적 기도만이 허용되어 왔다.

소련의 연방체제 붕괴 이후

모스크바 · 상트페테르부르크 · 키예프 · 푸스코프 등을 중심으로 서서히 교회가 되살아났다.

정교회가 사회에 대한 영향력이 강한 이유

가톨릭의 부패를 비판하며 시작된 개신교와의 분쟁 등 서방의 가톨릭교회에 비하여 정교회권에서 교회에 대한 비판이 적고, 정치적으로 세속 군주하고 다툴 일이 별로 없으며, 무엇보다 정교회 특유의 '독립 교회Αυτοκεφαλια, Autocephaly' 구조의 영향이 크다.
정교회는 여러 교회들의 집합체이기 때문에 어느 정도 규모가 커진 교회는 각 나라별로 '독립'된 교회로 위치가 승격하게 되어 있다. 옛날 초대 교회의 구조를 꽤 보존하고 있는 것으로, 지금은 문화권을 따라서 독립 교회들이 있는 경향이 크지만, 옛날에는 아예 나라마다 교회가 따로따로 있었다.
각 지역들이 가톨릭에 비해 훨씬 적은 통제 하에 알아서 교회를 꾸려 나가기 때문에 각 지역의 문화 그 자체인 것이 '정교회'라는 특징이 있다. 이 영향력은 중세 때 카톨릭이 가지는 입지를 방불케 할 정도다. 러시아 정교회는 러시아 문화 그 자체이며, 그리스 정교회도 그리스 문화 그 자체이다.

Покровский парк
Pokrovsky Park
ПАРТИЗАНСКИЙ ПРОСП.
СТУДЕНЧЕСКАЯ
STUDENCHESKAYA
Фуникулер
Funicular (Cable Railway)
УЛ. ГОГОЛЯ
УЛ. ВСЕВОЛОДА СИБИРЦЕВА
УЛ. ТЮМЕНСКАЯ
TYUMENSKAYA ST.
УЛ. ГОРНАЯ
УЛ. ИВАНОВСКАЯ
Busse mt.
193
г. Орлиное Гнездо
Orlinoe Gnezdo mt.
Владивостокский государственный цирк
Vladivostok State Circus
УЛ. СВЕТЛАНСКАЯ
98д
УЛ. ПУШКИНСКАЯ
PUSHKINSKAYA ST.
ЦИРК
CIRCUS
УЛ. ДАЛЬЗАВОДСКАЯ
DALZAVODSKAYA ST.
Видовая площадка Орлиное Гнездо (700 м)
Eagle Nest View Point (700 meters)
ДВГТУ
FESTU (Far Eastern State Technical university)
УЛ. СУХАНОВА
SUKHANOVA
Пушкинский театр
Pushkin Theatre
МАЛЬЦЕВСКАЯ
MALTSEVSKAYA
SVETLANSKAYA ST.
ЦЕНТР
CITY CENTER
BAY
Золотой мост
Zolotoy Bridge
Площадь Борцам за власть Советов на Дальнем Востоке
Square of The Fighters For The Soviet Power in The Russian Far East
УЛ. КАЛИНИНА
МЫС ЧУРКИН
MYS CHURKIN
KALININA ST.
УЛ. ЗАПОРОЖСКАЯ
УЛ. ОКАТОВАЯ
ВЛАДИВОСТОК
VLADIVOSTOK
Приморская сцена Мариинского театра
Primorye stage of Marilnsky Theatre
УЛ. ХАРЬКОВСКАЯ
HARKOVSKAYA ST.
138
г. Бурачок
Burachok mt.
ЧУРКИН
CHURKIN
ТЕАТР ОПЕРЫ И БАЛЕТА
OPERA HOUSE
УЛ. ФАСТОВСКАЯ
УЛ. ОЛЕГА КОШЕВОГО
УЛ. КАЛИНИНА
KALININA ST.
УЛ. АДМИРАЛА МАКАРОВА
м. Чуркина

블라디보스토크 여행에 꼭 필요한 INFO

지형

항구와 만이 펼쳐져 있고 뒤로는 산이 있으며, 평지가 적고 경사가 심한 곳이 많다. 러시아인들은 제4의 로마 블라디보스토크가 제2의 로마 터키 이스탄불과 닮았다고 여기며 '동방의 이스탄불'이라고 부른다. 블라디보스토크 지도를 보면 이스탄불에서 따온 지명들이 있다.

역사

기원전~삼국시대

등자(鐙子) 같은 고구려 유물과 동 · 서문물이 동시에 발견된 것을 보면 삼국시대에도 우리나라의 주 무대였다.

8~10세기

블라디보스토크를 중심으로 한 극동 시베리아는 한(韓)민족의 정통국가인 해동성국(海東盛國) 발해가 지배하는 영역이었다. 주변의 니콜라예프카Nikolaevka나 고르바트카Gorbatka 등 발해 성터에서 출토된 유물들이 있다. 북쪽으로 280㎞ 떨어진 노보고르데예프카Novogordeyevka 성터에서는 온돌을 비롯한 여러 가지 발해 유물과 더불어 8세기경에 주조한 중앙아시아 소그디아나의 은화가 발견되었다.

이 은화의 보관자인 러시아의 샤프쿠노프E. V. Shavkunov 박사의 증언에 의하면, 중앙아시아의 사마르칸트(소그디아나)에서 8세기경에 주조한 이 은화는 교역수단으로 쓰인 것이 분명하다고 하면서, 당시 발해의 특산물이었던 초피(貂皮, 담비 가죽)를 중앙아시아 상인들이 은화를 주고 구입해갔을 것이라고 주장한다.

중국 청나라

러시아의 '동진' 이전에는 중국 청나라 길림부도통(吉林副都統)에 속해 있었다.

1856~1860년

러시아인들이 1856년에 발견한 블라디보스토크는 처음부터 러시아의 태평양 진출을 위한 교역 항구를 겸한 군항으로 개항되었으며, 시베리아 횡단철도의 시발점으로 러시아가 관심을 가졌다. 겨울에 얼지 않는 항구 확보를 위하여 일으킨 크림 전쟁에서 패배를 당했던 러시아가 할 수 없이 유럽 쪽 항구 확보를 포기하고 아시아로 관심을 돌리고, 당시 제2차 아편전쟁으로 혼란에 빠진 청과 유럽 국가 사이에서 중재자를 자처하며 그 대가로 베이징 조약을 맺어서 러시아의 영토가 되었다.

니콜라이 개선문

러시아 제국은 1860년에 항구로 만들기 좋은 지형인 여기에 도시를 건설하여 블라디보스토크라는 도시의 역사가 시작되었다. 러시아 본토와 거리가 먼 변방치고는 러시아 제국이 심혈을 기울여 육성한 곳으로, 1891년에는 나중에 황제가 되는 니콜라이 2세가 황태자 신분으로 시베리아 횡단철도 착공식에 참석하기 위해 방문하기도 했다.
중국이 완전히 열강의 동네북으로 전락하면서 더 확실한 부동항인 황해의 '뤼순'이 건설되자 블라디보스토크의 중요성이 조금 낮아졌다가, 러일전쟁 패배 후 다시 유일한 극동의 부동항이 되면서 가치가 올라갔다. 러시아는 본격적인 이주를 시작하면서 자그마한 어촌이던 이곳을 일약 시로 승격시켰으며, 점차 연해주 지방의 행정 중심 도시로 키워나갔다.

1863년~20세기 초

1863년 인접한 함경북도의 13호 농가가 노브고로드 Novgorod만으로 이주한 것이 한인들의 이주 시작이었다. 20세기 초에는 20만 명을 넘어섰으며, 연해주 지역에 한인사회가 형성되어갔다. 이주 한인들은 남다른 근면성과 강인성으로 온갖 환난을 이겨내면서 불모의 땅을 개척해 나갔다.

치안

블라디보스토크는 러시아 중에서도 안전한 도시로 알려져 있어 치안이 여행에 문제가 되지 않는다. 블라디보스토크의 명동이라고 할 수 있는 아르바트 거리에는 밤에도 많은 현지인과 관광객이 어울려 밤의 야경을 보고 있다. 항상 경찰이 배치되어 아르바트는 안전하게 여행을 할 수 있도록 만들고 있다.
또한 테러를 대비해 중요 건물이나 기차역에 입장하려면 짐검사를 거쳐야 하는 불편함이 있지만 안전에 그만큼 신경을 쓰고 있다. 하지만 요즈음에 러시아 경제가 악화돼 범죄가 증가하는 데다, 북한의 한국인 납치공작 경고도 발령돼 있다. 한밤중에 홀로 산책이나 외진 곳을 다니는 일은 삼가는 것이 좋다.

블라디보스토크 여행에서 알아두어야 할 인물

니콜라이 2세

러시아에는 유럽과 같은 따사로운 햇볕이나 아름다운 건물은 찾기 어렵지만 어디서나 극한의 자연환경이나 고난을 넘어서 동토(凍土)를 개척하고 나라를 지킨 러시아인의 역사와 자부심을 대할 수 있다. 러시아인의 조국 사랑과 개척에 대한 열정이나 다짐은 블라디보스토크 도처에서 그 흔적을 발견할 수 있다.

니콜라이 2세 가족 사진

블라디보스토크에는 모스크바를 출발하는 시베리아횡단열차의 종착역이 위치해 있다. 모스크바까지 총 길이 9,288㎞인 시베리아횡단철도는 공식적으로는 1916년 완공됐으나, 실제로는 1930년대까지 공사가 진행됐으며, 지금도 부분적으로는 진행 중이다. 기차역 건너편에는 소련 시절 세워진 레닌 동상이 그대로 유지되고 있다. 모자를 움켜쥔 혁명가 레닌은 오른손으로 역사 너머의 동쪽 바다를 가리키고 있다.

시베리아횡단철도의 건설을 적극 추진한 인물은 제정러시아의 마지막 황제였던 니콜라이 2세였다. 블라디보스토크에는 니콜라이 2세를 기념하는 개선문이 있다. 그는 황태자 시절부터 시베리아횡단철도의 건설을 독려했으며, 1891년 시베리아횡단철도의 극동 종착역으로 계획된 블라디보스토크를 방문했다.

황태자는 배를 타고 블라디보스토크에 도착하기 전에 들른 일본에서 암살 위기를 모면했다. 황태자의 블라디보스토크 방문을 기념하기 위해 세워진 개선문은 소련 정부에 의해 철거됐다가 2003년 복원됐다. 개선문 상층부 앞면에는 니콜라이 황제 얼굴이, 뒷면에는 블라디보스토크 상징 동물인 호랑이 문장이 그려져 있다.

니콜라이 2세 개선문

니콜라이 2세는 1894년 제국의 마지막 차르가 되었지만 1917년 공산혁명으로 강제퇴위 당하고, 다음 해인 1918년 7월 유배지에서 공산당원들에 의해 일가족이 몰살당했다. 그러나 소련이 붕괴된 이후 러시아정교회는 니콜라이 2세 가족 모두를 그리스도의 믿음을 지킨 순교자로 인정하고 성인으로 지정했다.

쿠즈네초프 제독(1904~1974)

옆으로 조금 지나가면 한국 해군의 방문 기념비가 있다. 그곳 바로 위에는 소련 해군의 전설적인 지휘관인 니콜라이 쿠즈네초프 제독(1904~1974)의 흉상이 있다. 쿠즈네초프는 2차 세계대전 때 소련 영웅 칭호를 받고 원수에 오른 인물. 특히 나치독일군의 소련 침공을 예상하고 대비했던 인물이다. 그는 군에 대한 공산당의 간섭을 비판하다 강제로 퇴역을 당했다. 그 후 익명으로 스탈린과 공산당을 비판하는 저작을 썼다. 쿠즈네초프 제독은 나중에 복권되었다. 현 러시아 항공모함의 명칭이 쿠즈네초프일 정도로 그는 러시아 해군의 영웅이다.

솔제니친이 러시아에 발을 내딛는 순간을 담은 동상

솔제니친(1918~2008)

이 부근에 러시아 극동해군사령부가 있으며 앞바다에는 다수의 해군 함정이 정박해 있다. 근처에 소련 시절 노벨문학상을 받은 반체제 작가 알렉산드르 솔제니친(1918~2008)의 동상을 만날 수 있다. 솔제니친은 1994년 미국에서의 망명생활을 청산하며 새로이 태어난 러시아로 귀환할 때 블라디보스토크에서 시베리아횡단열차를 타고 모스크바로 향했다.

조국의 모습을 하나라도 더 보겠다는 조국애의 표현! 솔제니친의 러시아 귀환을 기념하는 동상이 블라디보스토크 해변가에 세워진 것은 이 때문이다. 동상은 솔제니친이 블라디보스토크에 첫발을 내딛는 순간을 묘사하고 있다.

'이반데니소비치의 하루', '암병동' 등의 반체제작품들로 유명한 솔제니친은 1970년 노벨문학상을 받았으며, 소련에서 추방당해 미국에서 살았다. 그러나 그는 서구문명을 동경하지 않았다. 솔제니친은 서구 시민들이 누리는 정치적 자유는 평가했지만 경건하지 못한 대중문화에는 반대했다. 솔제니친은 러시아 정교회 신앙을 바탕으로 한 직접민주주의 형태를 이상적인 사회로 삼았다. 그는 공산혁명이 발발했던 이유도 사람들이 신앙을 존중하지 않았기 때문이라는 진단을 내렸다.

소련이 몰락한 뒤 들어선 보리스 옐친 대통령에 대해서도 러시아의 혼란을 수습하지 못한다며 실망감을 감추지 않았던 솔제니친은 블라디미르 푸틴 대통령을 러시아에 질서와 명예, 자부심을 찾아준 인물이라고 평가했다.

푸틴

역시 2007년 솔제니친의 집을 찾아 직접 국가문화훈장을 전달하고 감사를 표했다. 블라디보스토크에 솔제니친의 동상이 세워진 것도 푸틴 대통령의 배려가 작용한 때문이라고 볼 수도 있다.

율 브리너(1920~1985)

블라디보스토크 출신으로 가장 유명한 사람은 영화배우 율 브리너(1920~1985). 스위스 출신의 부유한 측량기사와 러시아 여인 사이에서 태어났다. 부유했던 그의 아버지는 당시 바다가 내려다보이는 언덕에 멋진 집을 지었다. 아버지가 러시아 여배우와 눈이 맞아 떠나고 나자, 율 브리너는 어머니와 함께 유랑극단을 전전하다 미국으로 진출해 대스타로 성장했다.
그의 대표작은 뮤지컬영화 '왕과 나'. 그는 이 작품에서 시암왕국의 국왕으로 인상적인 연기를 선보였다. 뮤지컬 '왕과 나'는 브로드웨이에서 4600여회나 공연됐다. 율 브리너는 스위스 국민으로 사망했다. 율 브리너의 석상은 2012년에 그가 태어난 집앞에 세워져 있는데, '왕과 나'에 등장한 시암 국왕의 모습이다.

쇼핑

블라디보스토크에는 대형 굼 백화점을 비롯해 클로버하우스 등의 다양한 쇼핑을 위한 장소가 있다. 굼 백화점을 가보면 우리나라의 백화점과 비교할 때 낡아서 실망할 것이다.

24시간 판매하는 편의점은 없기 때문에 밤에 맥주나 먹거리가 필요하다면 저녁에 미리 구입을 해두어야 한다고 생각하겠지만 24시간 운영하는 슈퍼마켓이 클로버하우스 지하에 있다. 마트와 백화점 등 중에서 대한민국 대부분의 관광객이 관심이 있는 쇼핑 장소는 화장품을 판매하는 츄다데이Чудодей 와 이브로쉐Yves Rocher이다.

면세정보

면세품을 구입하려면 여권을 지참해야 하고 루블Rub의 가격은 원화와 다르기 때문에 문의를 해야 한다. 러시아 술인 보드카는 구입을 한다면 무조건 수화물로 보내야 한다.

	한국 입국시의 면세 범위
주류	1병(1L이하의 해외취득 가격U$600이하) / 1L(한 병)
담배	200개비 / 1보로
향수	2온스 / 2Oz
선물	해외 취득가격 합계액이 U$600 이하의 선물
기타	여행 중에 필요하다고 인정되는 신변품 등

츄다데이(Чудодей / 10~20시)

러시아의 드러그스토어 같은 츄다데이는 아르바트 거리와 굼 백화점 등 블라디보스토크 시내에 18개의 매장이 있다. 가볍게 사용할 제품이나 선물용으로 구입하는 관광객이 많다. 대부분의 한국인 관광객은 아르바트 거리 초입에 있는 츄다데이를 방문한다. 명동거리에 중국관광객이 점령하듯 아르바트의 츄다데이는 대한민국 관광객들이 점령하고 있다. 내부는 꽤 큰 편으로 안쪽으로 길게 이어진 형태로 앞쪽에 기초, 색조, 향수 위주로 제품이 전시되어 있고 안쪽으로 샴푸, 바디 샴푸를 비롯해 생필품 위주로 되어 있어 안쪽으로 들어가는 관광객이 많다.

인기가 많은 화장품은 겨울의 건조한 바람에 피부를 지켜주는 수분을 듬뿍 머금고 있는 당근 핸드크림과 흑진주크림이다. 레몬과 올리브 크림도 있지만 당근 크림이 가장 인기 있는 품목인데 오후에 가면 당근크림은 가판대에서 사라지는 경우가 비일비재하다. 가격은 61

아르바트거리의 츄다데이

할머니 샴푸 당근크림 할머니 크림

루블(약 1,200원)으로 매우 저렴하다. 할머니 크림은 나이트크림과 핸드크림, 샴푸가 유명하다. 츄다데이의 가격은 61~143루블로 1,200~3,500원 정도로 매우 저렴하여 블라디보스토크 쇼핑 리스트 No1에 올리고 있다.

이브로쉐(Yves Rocher / 09~20시, 일요일 10~19시)

1958년 프랑스의 이브 로쉐는 프랑스에서 식물성 화장품을 처음으로 개발하여 상품화시킨 후 세계의 유명한 화장품회사로 발전시켰다. 러시아에서 프랑스브랜드를 구입하는 이유가 무엇인지 처음 방문한 대한민국 관광객은 의아해 한다.

옐로우 피치 향수

이브로쉐 브랜드의 제품들 대부분은 한국에 수입되는 것 보다 훨씬 저렴한 가격에 판매되고 있기에 쇼핑을 하러가는 것이다. 매장은 크지 않지만 있을 것은 다 있다. 특히 자몽 샤워젤(149루블), 바디샴푸, 옐로우 피치 향수, 핸드크림(129루블)이 인기품목이다. 가격은 129~349루블 정도로 우리나라에서 판매할 때보다 2~4배는 저렴하다.

핸드크림

츄다데이의 쇼핑 품목

시베리카와 바이칼의 자연에서 얻은 재료를 사용해 효과가 좋다고 알려져 있다. 그런데 가격이 저렴하여 블라디보스토크 여행에서 빼놓지 않고 쇼핑을 즐긴다.

아가피아 할머니 레시피 Рецепты бабушки Агафьи

바이칼 호수와 시베리아의 초원에서 자란 천연 식물을 원료로 사용해 전통요법에 의해 제조된 제품으로 인기가 높다. 파라벤이나 합성향료 등 유해 화학물질을 사용하지 않아 믿음이 간다. 샴푸, 헤어마스크, 바디 스크럽, 비누 등이 인기다. 할머니 샴푸와 당근 크림은 기본적인 내용만 알아도 쇼핑할 때 혼자서 확인이 가능하다.

샴푸 & 컨디셔너шампунь & Бальзам

겉포장 디자인은 같기 때문에 모양으로 구분해야 한다. 아니면 러시아로 읽을 수 있어야 하지만 대부분은 러시아어를 읽지 못하므로 제품을 보면서 난감할 때가 있다. 샴푸제품이 린스보다 더 통통한 모양을 하고 있다. 해외에서 샴푸를 사는 대부분의 이유는 탈모방지를 위한 샴푸이므로 미리 확인해 두자.

탈모방지 샴푸
шампунь против выпадения волос

모발강화 샴푸
Густой шампунь Агафьи для укрепления

부드럽고 윤기 나는 모발 샴푸
Восстановление и защита

비듬방지 샴푸
черный шампунь агафьи против перхоти

성장촉진 샴푸
силы и роста Бальзам

효모дрожжевая
맥주 효모로 탈모를 방지하는 효과와 빠른 모발촉진효과가 있다.

우엉Репейная
손상된 모발에 탄력이 높은 모발과 모발 뿌리강화효과가 있다.

계란яичная
달걀의 단백질이 머리카락의 영양을 공급해 튼튼한 모발을 만들어준다.

당근 크림

러시아에서 3대 화장품 브랜드에 속하는 네바Neva는 당근크림으로 유명하다. 석류, 복숭아, 아몬드, 인삼 등의 천연식물에서 추출한 제품에 고유의 향이 있다. 자신에게 맞는 크림을 선택하는 것이 좋다.

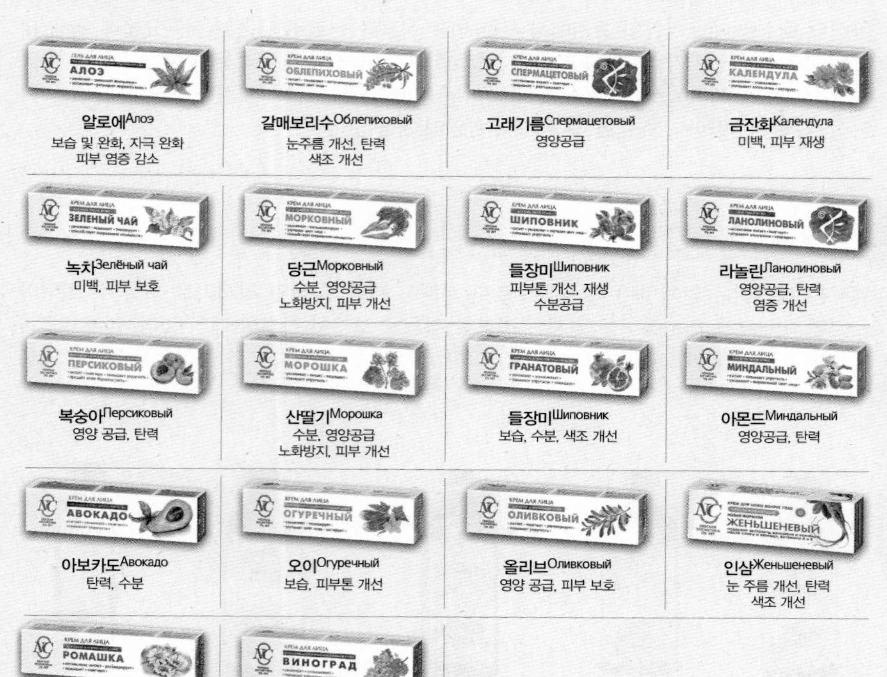

알로에Алоэ 보습 및 완화, 자극 완화 피부 염증 감소	**갈매보리수**Облепиховый 눈주름 개선, 탄력 색조 개선	**고래기름**Спермацетовый 영양공급	**금잔화**Календула 미백, 피부 재생
녹차Зелёный чай 미백, 피부 보호	**당근**Морковный 수분, 영양공급 노화방지, 피부 개선	**들장미**Шиповник 피부톤 개선, 재생 수분공급	**라놀린**Ланолиновый 영양공급, 탄력 염증 개선
복숭아Персиковый 영양 공급, 탄력	**산딸기**Морошка 수분, 영양공급 노화방지, 피부 개선	**들장미**Шиповник 보습, 수분, 색조 개선	**아몬드**Миндальный 영양공급, 탄력
아보카도Авокадо 탄력, 수분	**오이**Огуречный 보습, 피부톤 개선	**올리브**Оливковый 영양 공급, 피부 보호	**인삼**Женьшеневый 눈 주름 개선, 탄력 색조 개선
카모마일Ромашка 영양공급, 보습, 피부 회복	**포도**Виноград 수분, 색조 개선, 탄력		

굼 백화점(гум)

블라디보스토크에 위치한 굼 백화점은 100년 전 독일의 건축가가 지은 건물로 무역관으로 사용되다가 1934년부터 백화점으로 이용되고 있다. 이곳은 주로 기념품이나 화장품을 파는 상점이 있는데 우리 눈에는 백화점으로 보이지 않을 정도로 낡아있다. 중앙광장 건너편에 있는 굼 백화점의 1층에는 극장이 있고 2층부터 매장이 구성되어 있다.
또한 굼 백화점을 다시 나가 왼쪽의 건물이 새로운 굼 백화점인데 이곳에 츄다데이Чудодей가 있다. 아르바트 거리에 비해 관광객이 덜 찾기 때문에 쾌적한 쇼핑을 할 수 있다. 당근크림, 진주알크림, 할머니샴푸 등 러시아산 화장품들을 구매하기 위해 많은 관광객이 모이는 곳이다.

클로버하우스(Clover)

우리나라의 이마트 같은 대형마트로 술을 저렴하게 구입하고 싶다면 반드시 들러야 하는 곳이다. 블라디보스토크의 대표적인 번화가에 위치한 6층의 대형 쇼핑센터로 버스 정류장이 앞에 있어 시외로 루스키섬을 가거나 독수리전망대를 찾는다면 버스에서 내려 찾기 좋은 쇼핑센터이다.
지하에는 24시간 운영하는 슈퍼마켓이 있고 1~4층에 다양한 브랜드의 상점이, 5층은 피트니스 센터, 6층은 푸드코트가 있다. 밤늦게 먹거리나 술을 구입하고 싶은 관광객이 찾는다.(단 술은 밤 10시까지만 구입 가능)

블라디보스토크에서 구입하는 특별한 선물

블라디보스토크 여행에서 구입하는 선물은 별로 없다는 여행자가 많지만 러시아만의 독특한 선물로 마음을 전달해주는 것이 좋다. 보드카는 남성에게 특히 인기가 높으며, 황실의 도자기인 임페리얼 포슬린Императорский Фарфор는 중년 여성 관광객에게 인기다.

마트료시카(Матрёшка)

러시아 여행에서 인형 안에 계속 인형이 나오는 마트료시카Матрёшка는 아기자기하고 신기하여 선물 1순위이다. 겹겹이 작은 인형들이 계속 나오는 것은 다산과 풍요, 행복을 나타낸다. 그림의 완성도, 내부 인형의 개수 등에 따라 가격이 다르기 때문에 구입하기 전에 확인해야 한다. 다만 마감처리가 떨어지는 상품들이 많아 구입하기 전에 마감이나 안의 인형상태도 확인해야 돌아와서 후회하지 않는다.

그젤(Гжель)

장인이 만든 러시아 전통의 파란 도자기는 아름답고 섬세한 러시아의 멋이 담겨있다. 모스크바 근교의 그젤Гжель이라는 마을에서 황제의 명령에 따라 약 용기로 쓸 도자기가 만들어지기 시작해 일반인에게 확대되어 지금에 이르렀다. 면세점과 기념품 상점 등에서 구입할 수 있다.

임페리얼 포슬린(Императорский Фарфор)

상트페테르부르크에서 만들어지기 시작한 러시아 황실의 도자기인 임페리얼 포슬린이 대한민국에 알려지기 시작한 것은 sbs의 인기 드라마였던 '상속자들'에 등장하면서부터이다.

블라디보스토크에는 이줌루드Nзумруд쇼핑센터에서 구입이 가능하다. 러시아의 기념일에 25%정도까지 할인 판매하니 확인하고 구매하면 저렴하게 구입할 수 있다.

샤프카(Шапка)

모피로 된 따뜻한 모자로 러시아의 추운 겨울을 지내기 위한 필수 품목이다. 블라디보스토크도 추운 겨울에 상징적인 기념품으로 관광 상품으로 인기가 있다. 노상점에서 팔고 있다면 흥정을 통해 저렴하게 구입할 수 있으나 털 빠짐이 심한지 확인해야 한다.

꿀(Мёд)

연해주의 고산지대에서 채취되는 꿀은 매우 저렴하고 품질도 최상급이다. 저렴한 플라스틱용기에 담긴 꿀은 품질에 자신감이 있다는 표시로 밤, 배, 라벤더로 만든 꿀이 감기나 다른 호흡기질환에 좋다고 하여 집에서 하나씩은 가지고 있다.

초콜릿(Шоколад)

귀여운 아기가 웃고 있는 알룐카Алёнка 초콜릿은 러시아를 대표하는 초콜릿으로 해외 수상경력도 있는 우수한 품질의 초콜릿Шоколад이다. 가격도 저렴해서 누구에게나 환영받는 선물로 인기가 높다.

보드카(Водка)

러시아를 대표하는 보드카는 블라디보스토크여행에서 가장 흔하게 구입하는 선물이다. 가격대별로 종류도 많아 의외로 고르기가 쉽지 않다. 벨루가, 루스키 스탄드르트 보드카가 가장 알려진 브랜드로 클로버하우스에서 구매하는 것이 저렴하다.

곰새우(Креветка медведка)

블라디보스토크에서만 먹을 수 있는 곰새우는 반드시 먹고 와야 하는 별미이다. 곰새우는 킹크랩보다 저렴하기 때문에 면세점에서 포장하여 구입이 가능하다.

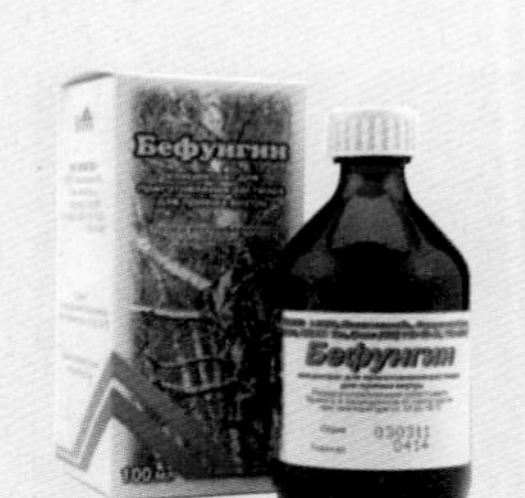

차가버섯 엑기스(베풍긴 / Бефунгин)

자작나무 수액을 먹고 자라난 천연버섯으로 솔제니친의 소설 '암병동'에도 나올 정도로 효능이 입증된 버섯이다. 차가버섯은 직접 국내에 반입이 안 되고 엑기스로 된 베풍긴을 구입해 들여올 수 있다. 100㎖(300~400루블)의 작은 병을 주로 구입한다.

기념품 가게

루스키예 우조리(Русские Узоры)

패키지여행 버스가 주차하는 아게안스키 도로에 있는 기념품점으로 다양한 상품을 구입할 수 있도록 종류도 많다.

주소_ Океанский проспект 11 **영업시간_** 10~19시

블라드 기프츠(VLAD GIFTS)

중앙 광장에서 바다를 왼쪽으로 바라보면 마트료시카 인형에 '기념품'이라는 한글을 볼 수 있다. 블라디보스토크에서 가장 유명한 전통 기념품위주의 기념품점으로 가격도 상대적으로 저렴한 편이다.

주소_ ул. Корабельная набережная 1а **영업시간_** 09~20시

중앙 광장 건너편 도로 약국(Аптека / 입체까)

차가버섯 엑기스나 다른 건강보조식품을 구입하기 위해서는 약국으로 가야 한다. 중앙 광장 건너 테라노바 상점 왼쪽에 있다.

음식

러시아는 아시아부터 유럽까지 이어진 광활한 영토를 가진 유일한 나라로 지역과 민족에 따라 음식도 다르기 때문에 민족들의 레스토랑이 어디에나 있다. 대표적인 것이 조지아(러시아어로 그루지야)의 샤슬릭, 부자, 빤세, 우즈베키스탄의 플로프, 우크라이나의 키예프식 커틀릭 등이다.
현재 블라디보스토크에는 조지아의 음식을 전문으로 하는 수프라, 드바 그루지나가 인기 레스토랑이며, 미국 웨스턴 스타일의 버거 전문점인 댑DAB은 블라디보스토크 젊은이들이 즐겨 찾고 있다. 자본주의의 도입과 함께 맥도널드를 비롯해 버거킹, KFC가 어디에나 있지만 블라디보스토크에는 맥도널드만 없다.
러시아의 코스 요리는 전채, 수프, 메인요리, 후식 순으로 먹는데 양이 매우 많다. 음식의 양이 많아서 배가 부르기 때문에 주문을 할 때에 조절해야 한다. 러시아인들은 저녁을 푸짐하게 먹지 않고 점심을 푸짐하게 먹는 것이 일반적이다. 전채부터 후식까지 1시간 정도가 소요되므로 식사시간을 오래 비워두어야 한다.

1. 자쿠스카라고 불리우는 전채는 차가운 육류, 생선 알, 청어절임, 피클, 치즈 등으로 이루어져있다.
2. 수프는 양배추를 넣어 끓인 보르시를 기본으로 고기와 채소를 넣은 솔랸카, 생선을 우려낸 유하 등이다.
3. 메인 요리는 따뜻하게 조리한 소고기, 돼지고기, 양고기 등을 먹는다.
4. 후식은 아이스크림, 케이크, 잼과 같이 나오는 홍차 등이 있다.

러시아에서 카페(Cafe)란?

러시아에는 카페가 레스토랑보다 많아서 의아해하는 관광객이 많다. 식사보다 커피나 음료를 더 많이 마신다고 생각하겠지만 러시아에서는 카페는 케이크, 블린 등의 간단하게 식사를 할 수 있는 곳이고 커피만 마시는 곳은 '카페이냐'라고 부른다. 차만 마시는 전문점은 '차이나야'라고 부르기 때문에 구분하여 판단해야 오해하지 않을 수 있다.

샤슬릭(шашлык)

조지아를 비롯한 코카서스 지방의 꼬치요리로 긴 꼬챙이에 양념을 한 양고기와 야채를 꽂아 숯불에 구워 먹는 음식이다. 양고기를 사용하지만 지금은 소고기, 돼지고기, 닭고기 등 다양한 고기를 사용한다. 기름기가 숯불에 빠져 담백한 고기 맛에 러시아뿐만 아니라 북유럽, 몽골, 시베리아 등지에서 주로 먹는 음식이 되었다.

블린(блин)

러시아스타일의 팬케이크를 뜻하는 말로 블라디보스토크의 우이 뜨이 블린이 아르바트 거리에서 인기가 많다. 얇게 펴서 구운 반죽에 잼, 치즈, 다진 고기, 햄을 기본 베이스로 다양한 재료를 안에 넣어 만들게 된다. 팬케이크 블린 안의 재료에 따라 메뉴판의 이름이 달라지고 재료의 비용에 따라 블린의 가격도 변한다. 저렴한 가격 때문에 간단한 식사를 먹고 싶을 때 찾으면 좋다.

펠레니(пельмени)

시베리아의 물만두로 밀가루 반죽 안에 다진 고기와 양파 등을 넣어 만든 만두이다. 우리가 먹는 물만두와 맛과 크기가 비슷해 한국음식이 먹고 싶을 때 권하는 메뉴이다.

플로프(плов)

우즈베키스탄 등의 중앙아시나 지역의 쌀, 고기와 양파 등의 재료를 기름에 볶아 쌀을 넣고 익혀 기름밥이 되도록 만든다. 중앙아시아 계통에서 유래된 것으로 잔치 날 먹는 전통음식이다.

흘렙(хлеб)

러시아인 주식인 호밀로 만든 흑빵을 말하는 것으로 검게 탄 테두리와 진한 갈색의 속살이 인상적이다. 우리가 먹는 부드러운 빵이 아니고 찰지고 신맛이 난다. 크림, 생선 알 등을 위에 올려 빵과 같이 먹는다.

이크라(икра)

전채로 먹는 생선 알로 붉은 색의 크라스니 이크라는 연어 알, 검은색인 쵸르나야 이크라는 캐비아라고 부르는 철갑상어 알로 빵에 올려 먹는다. 단 한꺼번에 많이 올려 먹으면 비린내가 심하므로 조심해야 한다. 이크라 문화는 스칸디나비아를 비롯한 북방민족들의 대표적인 먹는 방식이다.

보르시(борщ)

양배추를 끓인 물에 토마토, 고기, 양파 등을 넣고 빨간 무로 색을 내어 붉은 색 스프를 뜻한다. 스메타나를 넣으면 분홍색으로 바뀌어 아이들이 좋아하는 스프로 변한다. 추운 날씨에 뜨거운 보르시를 먹어서 몸을 따뜻하게 만들게 된다.

피로그(пирог)

축제를 뜻하는 러시아어인 '피르Пир에서 유래된 러시아식의 파이로 밀가루 반죽에 고기와 생선, 채소, 과일, 버섯 등의 다양한 재료를 넣고 구워낸 명절 음식이다. 차와 같이 먹는 것이 특징이다.

삐라(пирожок)

밀가루로 빚어 안에는 속을 가득 채워 구운 파이형태의 러시아스타일의 빵으로 속에는 고기, 양배추, 감자, 과일 등으로 다양한 재료가 들어간다. 특히 길가에서 파는 다양한 '삐라'가 러시아인들이 먹는 '삐라'이니 꼭 먹어보길 권한다. 입에 맞을 수도 있으나 아닌 경우도 있으니 한 개만 먼저 먹어보고 더 구입하는 것이 좋다.

1. 결재는 앉아서

우리는 식사주문은 앉아서 하고 식사비는 나오면서 결재를 하는 데 블라디보스토크에서는 주문은 동일하지만 결재는 앉아서 하는 것이 에티켓이다. 결재를 하려면 손만 들어도 되지만 숏Суёт, 빠잘스따пожалусйта 라고 부르면 계산서를 주고 현금이나 카드를 종업원에게 주면 된다.

2. 음식 포장

러시아의 음식은 양이 많다. 그래서 너무 배가 부르면 싸가고 싶을 때가 많지만 영어가 잘 안 통하면 포기하는 경우가 많다. 이때 싸보이 빠잘스따С собой пожалуйста 라고 이야기하면 된다.

3. 다른 카페의 의미

스페인에서 바르Bar나 카페를 가면 마을회관에서 어르신들이 놀면서 서로 이야기를 나눈다. 카페는 우리나라에서 커피를 마시는 경우가 대부분이지만 러시아에서는 간단한 식사를 하고 커피나 차를 마시는 장소로 이용되고 있다. 물론 커피전문점은 카페이나кофейная, 차 전문점은 '차이나야 уайная'라고 부른다. 간단한 예로 엘리스커피Allis Coffee는 카페이나이고 파이브 오클락Five o'clock은 차이나야라고 알면 된다.

4. 예약을 해야 하는 레스토랑이 있다.

대부분의 음식점은 예약 없이 방문해도 아무 문제가 없지만 너무 인기가 높은 일부 레스토랑은 예약을 해야 한다. 대표적인 곳이 수프라Сулра와 주마Zuma이다.

보드카 VS 맥주

블라디보스토크로 여행을 가면 누구나 보드카 하나씩은 선물로 사오고 싶을 정도로 러시아 술의 대명사격이다. 그렇지만 러시아의 젊은이들도 세계적인 술인 맥주를 주로 마시고 있어 보드카의 인기는 점점 줄고 있다고 한다. 러시아에서 술은 밤 10시까지만 판매가 허용되고 있기 때문에 마시려면 미리 구입해 두는 것이 좋다.

보드카(водка)

러시아의 대표적인 증류주로 알코올 도수가 40~60도에 이르기 때문에 스트레이트로 마시기는 쉽지 않아서 무색, 무취로 칵테일의 원료로도 사용되고 있다.

▶스판다르트

'표준'이라는 뜻을 가진 러시아를 대표하는 보드카의 대명사이다. 오리지널, 플레티넘, 골드 라벨의 3가지로 나누어진다.

▶벨루가

프리미엄 보드카의 대명사로 철갑상어의 로고가 특징적으로 병에서 떼어내 소장할 수 있도록 만들어 놓았다.

▶파치 아조르

타이가 호수의 물로 만들어진 '5개의 호수'라는 이름을 가진 시베리아의 대표적인 보드카이다. 새롭게 부상하는 보드카로 보드카 중에서 목넘김이 그나마 좋은 것으로 추천한다.

피보(пиво)

맥주를 뜻하는 러시아어는 피보пиво라고 하는데, 발티카балтика가 가장 유명한 맥주 브랜드로 자리 잡고 있다. 0~9까지 알코올 도수에 맞추어 분류하여 골라먹는 재미가 있다. 가장 인기가 있는 도수는 4.8%인 3번이다.

▶데베(ДВ)

하바롭스크 지역의 맥주로 시작해 극동지역의 대표적인 맥주로 성장하였다. 발티카에 인수되면서 성장의 기회를 잡았다. 특히 블라디보스토크에서 인기가 높은 맥주이다.

▶잘라타야 보치카(ЭолотаяБоука)

황금 맥주통이라는 뜻을 가진 금색 라벨 바탕에 알코올 도수와 맛에 따라 초록색, 파란색, 빨간색으로 구분하였다.

애주가와 애연가

보드카와 맥주를 많이 마시는 러시아인들의 주량은 전 세계에서도 알아주는 애주가들이 즐비하다. 러시아는 밤 10시부터 다음날 오전 10시까지 술을 판매하지 않기 때문에 숙소에서 하려면 미리 술을 구입해 놓아야 한다. 호스텔 내에서 술을 마시지 못하게 하는 곳도 있으니 미리 확인해야 한다. 실내에서 마시지 못하지만 호스텔 밖에서는 술을 마실 수 있다. 2014년 6월 1일부터 금연법이 시행될 정도로 흡연율 세계 1위의 애연가의 천국인 나라가 러시아이다. 비 흡연가인 푸틴이 금연법을 통과시켜 실내와 음식점에서 모두 금연이 되었으며 아파트 내에서도 금연이다. 하지만 실외에서 담배를 피우는 남녀노소가 너무 많아 담배를 피우지 않아도 블라디보스토크 여행에서 담배연기를 많이 마시게 된다. 마치 예전에 담배를 길거리에서 피우던 우리나라의 모습을 보는 듯하다.

블라디보스토크 밑그림 그리기

우리는 여행으로 새로운 준비를 하거나 일탈을 꿈꾸기도 한다. 여행이 일반화되기는 했지만 아직도 여행을 두려워하는 사람들이 많다. 블라디보스토크여행자가 급증하고 있다. 그러나 어떻게 여행을 해야 할지부터 걱정하게 된다. 아직 정확한 자료가 부족하기 때문이다. 지금부터 블라디보스토크 여행을 쉽게 한눈에 정리하는 방법을 알아보자. 블라디보스토크 여행준비는 절대 어렵지 않다. 단지 귀찮아 하지만 않으면 된다. 평소에 원하는 블라디보스토크 여행을 가기로 결정했다면, 꼼꼼하게 준비하는 것이 중요하다.
일단 관심이 있는 사항을 적고 일정을 짜야 한다. 처음 해외여행을 떠난다면 블라디보스토크 여행도 어떻게 준비할지 몰라 당황하게 된다. 먼저 어떻게 여행을 할지부터 결정해야 한다. 아무것도 모르겠고 준비를 하기 싫다면 패키지여행으로 가는 것이 좋다. 블라디보스토크 여행은 주말을 포함해 2박 3일, 3박 4일, 4박 5일 여행이 가장 일반적이다. 해외여행이라고 이것저것 많은 것을 보려고 하는 데 힘만 들고 남는 게 없는 여행이 될 수도 있으니 욕심을 버리고 준비하는 게 좋다. 여행은 보는 것도 중요하지만 같이 가는 여행의 일원과 함께 잊지 못할 추억을 만드는 것이 더 중요하다.

다음을 보고 전체적인 여행의 밑그림을 그려보자.

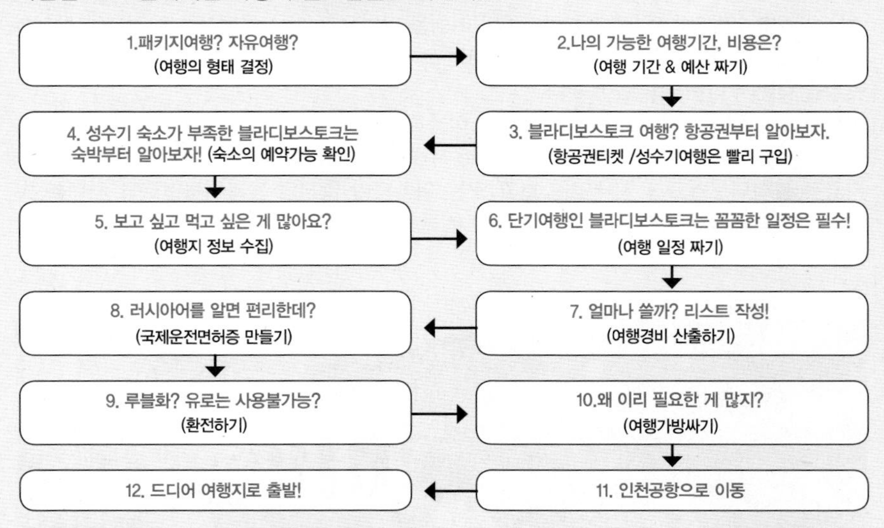

결정을 했으면 일단 항공권을 구하는 것이 가장 중요하다. 전체 여행경비에서 항공료와 숙박이 차지하는 비중이 가장 크지만 너무 몰라서 낭패를 보는 경우가 많다. 평일이 저렴하고 주말은 비쌀 수밖에 없다. 저가항공인 제주항공과 시베리아항공부터 확인하면 항공료, 숙박, 현지경비 등 편리하게 확인이 가능하다.

패키지여행 VS 자유여행

블라디보스토크로 여행을 가려는 여행자가 급속하게 늘어나고 있다. 하지만 누구나 고민하는 것은 여행정보는 어떻게 구하지? 라는 질문이다. 그만큼 블라디보스토크에 대한 정보가 매우 부족한 상황이다. 그래서 처음으로 블라디보스토크를 여행하는 여행자들은 패키지여행을 선호하였다.
올해부터 20~30대 여행자들이 늘어남에 따라 패키지보다 자유여행을 선호하고 있다. 대한민국에서 가장 가까운 유럽이다 보니 주말을 이용한 1박2일도 있고 맛집을 섭렵하는 여행자 등 새로운 여행형태가 늘어나고 있다. 이들은 호스텔을 이용하여 친구들과 여행하면서 단기여행을 즐기고 있다.

편안하게 다녀오고 싶다면 패키지여행

블라디보스토크가 뜬다고 하니 여행을 가고 싶은데 정보가 없고 나이도 있어서 무작정 떠나는 것이 어려운 여행자들은 편안하게 다녀올 수 있는 패키지여행을 선호한다. 효도관광, 동호회, 동창회에서 선호하는 형태로 여행일정과 숙소까지 다 안내하니 몸만 떠나면 된다.

연인끼리, 친구끼리, 가족여행은 자유여행 선호

1박 2일, 2박 3일, 3박 4일로 저렴하게 유럽여행을 다녀오고 싶은 여행자는 패키지여행을 선호하지 않는다. 특히 유럽을 다녀온 여행자는 블라디보스토크에서 자신이 원하는 관광지와 맛집을 찾아서 다녀오고 싶어 한다.
여행지에서 원하는 것이 바뀌고 여유롭게 이동하며 보고 싶고 먹고 싶은 것을 마음대로 찾아가는 연인, 친구, 가족의 여행은 단연 자유여행이 제격이다.
지금은 블라디보스토크 시내만을 보고 오는 여행자가 많지만 블라디보스토크 시내를 벗어나 프리모스키 지방의 아름다운 자연과 겨울의 스키장을 즐기려는 여행자도 늘어날 것으로 본다.

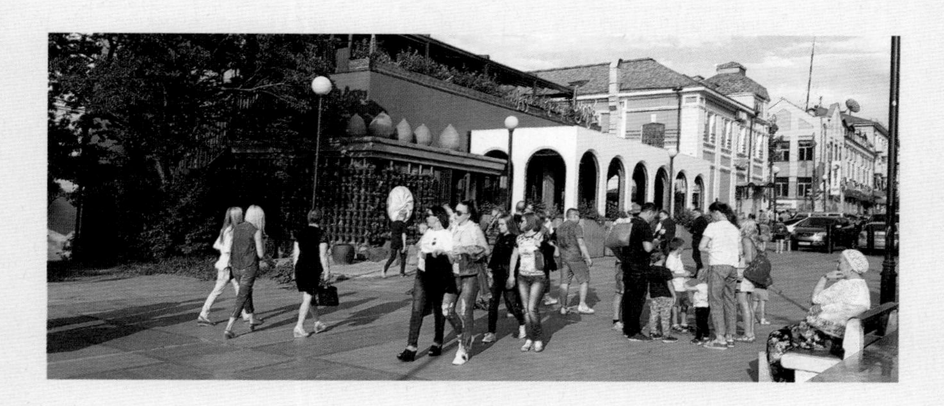

블라디보스토크 여행 물가

블라디보스토크 여행에서 큰 비중을 차지하는 것은 항공권과 숙박비이다. 항공권은 저가항공인 제주항공, 이스타항공이 왕복 13만 원대부터 대한항공의 50만 원대까지 있다. 숙박은 저렴한 호스텔이 2박에 원화로 2만 원대부터 있어서 항공권만 빨리 구입해 저렴하다면 숙박비는 큰 비용이 들지는 않는다. 하지만 좋은 호텔에서 머물고 싶다면 더 비싼 비용이 들겠지만 유럽보다 호텔의 비용은 저렴한 편이다.

▶**왕복 항공료**_ 13~58만 원
▶**숙박비(1박)**_ 2~50만 원
▶**한 끼 식사**_ 3천~10만 원
▶**교통비**_ 80~420원(4~21루블)

구분	세부 품목	2박 3일	3박 4일
항공권	저가항공, 대한항공	130,000~590,000	
공항버스, 공항기차	107번 버스, 기차	약4,600원 (버스(150+75(짐)루블), 230루블)	
숙박비	호스텔, 호텔, 아파트	22,000~500,000원	33,000~750,000원
식사비	한 끼(주마의 해산물)	3,000~100,000원	
시내교통	버스, 자전거	80~820원(4~21루블)	
입장료	박물관 등 각종 입장료	2,000~8,000원(100~400루블)	
		약 170,000원~	약 190,000원

블라디보스토크 숙소에 대한 이해

블라디보스토크 패키지여행이라면 숙소에 대한 자유는 없다. 대부분은 야지무트호텔에서 묵는다. 블라디보스토크 여행이 처음이고 자유여행이면 숙소예약이 의외로 쉽지 않다. 자유여행이라면 숙소에 대한 선택권이 크지만 선택권이 오히려 난감해질 때가 있다. 블라디보스토크 숙소의 전체적인 이해를 해보자.

1. 블라디보스토크 시내에서 중앙광장과 아르바트 거리에 주요 관광지가 몰려있어서 숙박의 위치가 중요하다. 시내에서 떨어져 있다면 짧은 여행에서 이동하는 데 시간이 많이 소요되어 좋은 선택이 아니다. 반드시 해양공원, 중앙광장, 아르바트 거리에서 얼마나 떨어져 있는지 먼저 확인하자.

알아두면 좋은 블라디보스토크 호텔 이용

1. 미리 예약해야 싸다.

일정이 확정되고 호텔에 머물겠다고 결정했다면 먼저 예약해야 한다. 임박해서 예약하면 같은 기간, 같은 객실이어도 비싼 가격으로 예약을 할 수 밖에 없다.

2. 후기를 참고하자.

호텔의 선택이 고민스러우면 숙박예약 사이트에 나온 후기를 잘 읽어본다. 특히 한국인은 까다로운 편이기에 후기도 우리에게 적용되는 면이 많으니 장, 단점을 파악해 예약할 수 있다.

3. 미리 예약해도 무료 취소기간을 확인해야 한다.

미리 호텔을 예약하고 있다가 나의 여행이 취소되든지, 다른 숙소로 바꾸고 싶을 때에 무료 취소가 아니면 환불 수수료를 내야 한다. 그러면 아무리 할인을 받고 저렴하게 호텔을 구해도 절대 저렴하지 않으니 미리 확인하는 습관을 가져야 한다.

4. 냉장고와 에어컨이 없는 호텔이 많다.

러시아는 추운 나라이기 때문에 에어컨이 없는 호텔이 많다. 또한 냉장고도 없는 기본 시설만 있는 호텔이 대부분이다. 하지만 블라디보스토크도 여름에 더운 날이 많아 특히 여름에는 에어컨과 냉장고가 있는지 확인하여야 여름에 고생하지 않는다.

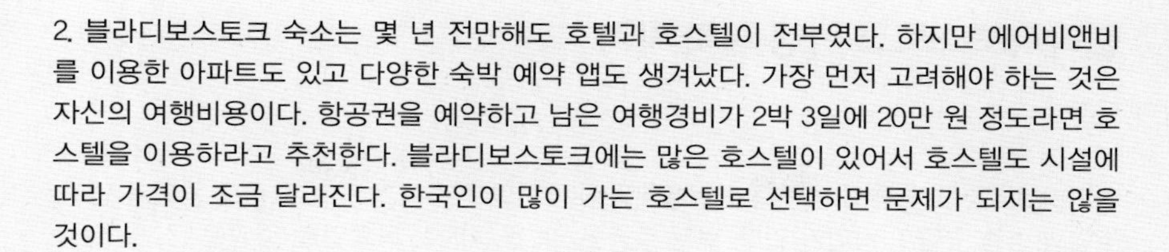

2. 블라디보스토크 숙소는 몇 년 전만해도 호텔과 호스텔이 전부였다. 하지만 에어비앤비를 이용한 아파트도 있고 다양한 숙박 예약 앱도 생겨났다. 가장 먼저 고려해야 하는 것은 자신의 여행비용이다. 항공권을 예약하고 남은 여행경비가 2박 3일에 20만 원 정도라면 호스텔을 이용하라고 추천한다. 블라디보스토크에는 많은 호스텔이 있어서 호스텔도 시설에 따라 가격이 조금 달라진다. 한국인이 많이 가는 호스텔로 선택하면 문제가 되지는 않을 것이다.

3. 호텔은 5성급인 우리나라의 현대호텔, 힐튼호텔부터 다양한 등급이 있어서 호텔의 비용도 5~40만 원 정도로 다양하다. 호텔의 비용은 우리나라호텔보다 저렴하지만 룸 내부의 사진을 확인하고 선택하는 것이 좋다. 패키지에서 주로 이용하는 아지무트 호텔은 시설은 평범하지만 해양공원에서 가까워 위치가 좋다.

4. 에어비앤비를 이용해 아파트를 이용하려면 시내에서 얼마나 떨어져 있는지를 확인하고 숙소에 도착해 어떻게 주인과 만날 수 있는지 전화번호와 아파트에 도착할 수 있는 방법을 정확히 알고 출발해야 한다. 아파트에 도착했어도 주인과 만나지 못해 아파트에 들어가지 못하고 1~2시간만 기다려도 화도 나고 기운도 빠지기 때문에 여행이 처음부터 쉽지 않아진다.

5. 유럽여행에서 민박을 이용한 여행자는 블라디보스토크에 한국인이 운영하는 민박을 찾고 싶어 하는데 아직 민박이 없다. 민박보다는 호스텔이나 게스트하우스에 숙박하는 것이 더 좋은 선택이다.

숙소 예약 사이트

부킹닷컴(Booking.com)

에어비앤비와 같이 전 세계에서 가장 많이 이용하는 숙박 예약 사이트이다. 블라디보스토크에도 많은 숙박이 올라와 있다.

에어비앤비(Airbnb)

전 세계 사람들이 집주인이 되어 숙소를 올리고 여행자는 손님이 되어 자신에게 맞는 집을 골라 숙박을 해결한다. 어디를 가나 비슷한 호텔이 아닌 현지인의 집에서 잠을 자도록하여 여행자들이 선호하는 숙박 공유 서비스가 되었다.

블라디보스토크 여행 계획 짜기

1. 주중 or 주말

블라디보스토크 여행도 일반적인 여행처럼 비수기와 성수기가 있고 요금도 차이가 난다. 주말과 주중 요금도 차이가 있다. 보통 주중은 일, 월, 화, 수, 목요일을, 주말은 금, 토, 일요일을 뜻한다. 비수기나 주중에는 할인 혜택이 있어 저렴한 비용으로 조용하고 쾌적한 여행을 할 수 있다. 주말과 국경일을 비롯해 여름 성수기에는 항상 관광객으로 붐빈다. 황금연휴나 여름 휴가철 성수기에는 몇 달 전부터 항공권이 매진되는 경우가 허다하다.

2. 여행기간

블라디보스토크 여행을 안 했다면 "블라디보스토크에 뭐 볼게 있겠어? 1박 2일이면 충분하지?"라는 말을 할 수 있다. 하지만 일반적인 여행인 2박 3일의 여행일정으로는 모자란 관광명소가 된 도시가 블라디보스토크이다. 블라디보스토크여행은 대부분 2박 3일이 많지만 블라디보스토크의 깊숙한 면까지 보고 싶다면 3박 4일은 가야 한다.

3. 숙박

성수기가 아니라면 블라디보스토크의 숙박은 절대 비싸지 않다. 숙박비는 저렴하고 가격에 비해 시설은 나쁘지 않다. 주말이나 숙소는 예약이 완료된다. 특히 여름 성수기에는 숙박은 미리 예약을 해야 문제가 발생하지 않는다. 조식이 포함되지 않은 호텔이 많지만 블라디보스토크 시내에는 저렴한 식사를 할 카페나 레스토랑이 많아 조식을 포함시키지 않아도 된다.

4. 어떻게 여행 계획을 짤까?

먼저 여행일정을 정하고 항공권과 숙박을 예약해야 한다. 여행기간을 정할 때 얼마 남지 않은 일정으로 계획하면 항공권과 숙박비는 비쌀 수밖에 없다. 특히 블라디보스토크처럼 뜨는 여행지는 더욱 항공료가 상승한다. 저가항공인 제주항공과 시베리아항공이 취항하고 있으니 저가항공을 잘 활용한다. 숙박시설도 호스텔로 정하면 비용이 저렴하게 지낼 수 있다. 유심을 구입해 관광지를 모를 때 구글맵을 사용하면 쉽게 찾을 수 있다.

5. 식사

한 끼 식사는 하루에 한번은 비싸더라도 제대로 식사를 하고 한번은 블라디보스토크 시민처럼 저렴하게 한 끼 식사를 하면 적당하다. 시내의 관광지는 거의 걸어서 다닐 수 있기 때문에 교통비는 루스키섬과 독수리전망대로 갈 때만 교통비가 나온다.

추천 여행 일정

1박 2일

시내 위주의 여행코스

저가항공을 이용해 13만 원 정도의 비용으로 주말을 이용해 다녀온다면 시내만을 집중적으로 둘러봐야 한다. 도착하는 날에 오후 4시 정도에 블라디보스토크의 크네바치 공항에서 107번 버스를 타는 것보다 택시나 기차를 이용하면 더 빨리 시내에 갈 수 있다. 107번 버스는 승객이 다 차야 하기 때문에 이동 시간이 늦을 수 있다. 시내에 숙소를 정하여 걸어서 다닐 수 있어야 한다. 처음에 중앙광장에서 시작해 아르바트 거리 위주로 여행코스를 정한다.

▶1일차

중앙광장 → 아르바트 거리 → 해양공원 → 아게안 영화관 → 체르니곱스키 사원 → 해산물 마켓 → 다양한 맛집 탐방

중앙광장 ▶ 아트바트 거리 ▶ 해양공원 ▶ 아게안영화관 ▼ 체르니곱스키 사원 ◀ 해산물마켓 ◀ 다양한 맛집 탐방

▶2일차

중앙광장부터 시내의 주요 볼거리를 보고 오후에 블라디보스토크 외곽의 대표적인 루스키 섬과 극동대학을 다녀오면서 푸니쿨라 역에서 내려 독수리전망대에서 해지는 블라디보스토크 시내를 내려다본다.

잠수함박물관 → 꺼지지 않는 불 → 니콜라이 개선문 → 비소츠키 동상 → 마린스키 극장 → 굼 백화점(츄다데이, 이브로쉐) → 블라디보스토크 기차역 → 공항기차 → 공항

잠수함박물관 ▶ 꺼지지 않는 불 ▶ 니콜라이 개선문 ▶ 비소츠키 동상 ▶ 마린스키 극장 ▼ 굼 백화점(츄다데이, 이브로쉐) ◀ 블라디보스토크 기차역 ◀ 공항기차 ◀ 공항

2박 3일

■ 젊음과 생기를 느끼는 여행코스

대한민국에서 가장 가까운 유럽인 블라디보스토크는 가깝기는 하지만 어떻게 여행을 해야 할지가 막막하다. 블라디보스토크를 여행하려는 많은 여행자들은 젊은 20~30대가 많은 비중을 차지하고 있다. 대부분 블라디보스토크 자유여행을 다녀오는 여행자들이 가장 궁금해 하는 것이 여행코스를 어떻게 계획해야 하느냐이다. 이들에게 가장 합리적인 여행코스를 제시한다.

▶1일차

오후에 도착해 숙소까지 이동하면 벌써 오후 5시는 되어 있다. 1일차는 블라디보스토크의 심장이자 영화 태풍의 촬영지로도 유명한 중앙광장과 젊음의 거리 '아르바트거리'와 태평양이 내려다보이는 '아무르만'의 해변과 젊음과 활기의 장소인 아르바트 거리를 즐긴다.

아르바트 거리 → 해양공원 → 아게안 영화관 → 해산물 마켓 → 체르니곱스키 사원 → 클로버하우스 → 다양한 맛집 탐방

아르바트 거리 ▶ 해양공원 ▶ 아게안영화관 ▶ 해산물마켓 ▼

체르니곱스키 사원 ◀ 클로버하우스 ◀ 다양한 맛집 탐방

▶2일차

중앙광장부터 시내의 주요 볼거리를 보고 오후에 블라디보스토크 외곽의 대표적인 루스키 섬과 극동대학을 다녀오면서 푸니쿨라 역에서 내려 독수리전망대에서 해지는 블라디보스토크 시내를 내려다본다.

중앙광장 → 잠수함박물관 → 꺼지지 않는 불 → 니콜라이 개선문 → 비쇼츠키 동상 → 마린스키 극장 → 굼 백화점 → 연해주 향토박물관(15번 타고 이동) → 루스키 섬 → 푸니쿨라역에서 하차 → 독수리 전망대

중앙광장 ▶ 잠수함박물관 ▶ 꺼지지 않는 불 ▶ 니콜라이 개선문 ▶ 비쇼츠키 동상 ▼

마린스키 극장 ◀ 굼 백화점 ◀ 연해주 향토박물관 ◀ 루스키 섬(루스키 다리) ▼

독수리 전망대

▶3일차

12시에 공항기차를 타고 1시간 걸려 공항으로 이동해야 제시간에 돌아올 수 있다. 마지막 날에 츄다데이, 이브로쉐, 100여 년 역사를 갖고 있는 굼 백화점 등의 쇼핑을 즐기고 시베리아 횡단열차의 시발역이자 종착역인 블라디보스토크 기차역을 관광하고 12시에는 공항기차를 탑승하는 것이 좋다.

츄다데이 → 이브로쉐 → 블라디보스토크 기차역 → 공항기차 → 공항

츄다데이 / 이브로쉐 / 블라디보스토크 기차역 / 공항

■ 역사의 발자취를 찾는 여행코스

▶1일차

블라디보스토크의 심장이자 영화 태풍의 촬영지로도 유명한 중앙광장과 젊음의 거리 '아르바트거리'와 태평양이 내려다보이는 '아무르만'의 해변과 젊음과 활기의 장소인 아르바트 거리를 즐기며 100여 년 역사를 갖고 있는 굼백화점 등 주요 관광지를 둘러본다.

중앙광장 → 잠수함박물관 → 꺼지지 않는 불 → 니콜라이 개선문 → 비쇼츠키 동상 → 마린스키 극장 → 굼 백화점 → 연해주 향토박물관 → 아르바트 거리 → 해양공원 → 아게안 영화관

중앙광장 / 잠수함박물관 / 꺼지지 않는 불 / 니콜라이 개선문 / 비소츠키 동상 / 마린스키 극장 / 굼 백화점 / 연해주 향토박물관 / 아트바트 거리 / 해양공원 / 아게안영화관

▶2일차

블라디보스토크 외곽

루스키 섬과 우스리스크로 이동하여 이상설의사 기념비, 발해 옛 성터, 고려인 역사 센터, 최재형 선생 생가 등 이국에서 느끼는 우리나라의 역사 문화를 탐방한다.

클로버하우스 앞 버스 정류장 → 루스키 섬 → 신한촌

클로버하우스 ▶ 루스키 섬(루스키 다리) ▶ 신한촌

▶3일차

시내를 한눈에 볼 수 있는 독수리 전망대를 관람 후 시베리아 횡단열차의 시발역이자 종착역인 블라디보스톡 기차역 관광한다. 시간에 맞춰 공항기차를 탑승하는 것이 좋다.

독수리 전망대 → 블라디보스톡 기차역 → 공항기차 → 공항

독수리 전망대 ▶ 블라디보스토크 기차역 ▶ 공항

3박 4일

■ 여유로운 3박 4일 여행코스

▶1일차

오후에 도착해 숙소까지 이동하면 벌써 오후 5시는 되어있다. 1일차는 블라디보스토크의 심장이자 영화 태풍의 촬영지로도 유명한 중앙광장과 젊음의 거리 '아르바트거리'와 태평양이 내려다보이는 아무르만의 해변과 젊음과 활기의 장소인 아르바트 거리를 즐긴다.

아르바트 거리 → 해양공원 → 아게안 영화관 → 해산물 마켓 → 체르니곱스키 사원 → 클로버하우스 → 다양한 맛집 탐방

아트바트 거리 ▶ 해양공원 ▶ 아게안영화관 ▶ 해산물마켓 ▼ 체르니곱스키 사원 ◀ 클로버하우스 ◀ 다양한 맛집 탐방

▶2일차

중앙광장부터 시내의 주요 볼거리를 보고 오후에 블라디보스토크 외곽의 대표적인 루스키 섬과 극동대학을 다녀오면서 푸니쿨라 역에서 내려 독수리전망대에서 해지는 블라디보스토크 시내를 내려다본다.

중앙광장 → 비쇼츠키 동상 → 마린스키 극장 → 굼 백화점(15번 타고 이동) → 루스키 섬 → 푸니쿨라역에서 하차 → 독수리 전망대

중앙광장 / 비소츠키 동상 / 마린스키 극장 / 굼 백화점(츄다데이, 이브로쉐) / 루스키 섬(루스키 다리) / 독수리 전망대

▶3일차

신한촌은 블라디보스톡항 인근 해안가에 들어선 한인들의 최초 정착지 개척리에서 북쪽으로 3~4㎞가량 떨어진 시 외곽 야산에 조성된 한인 집단거주지다. 구한말부터 1922년까지 개척리와 신한촌을 중심으로 동포들의 강력한 항일투쟁이 벌어졌다. 8 · 15해방의 밑거름이 됐고 대한민국 발전의 초석이 되었던 현장을 찾는 여정이다. 이밖에도 블라디보스톡의 심장, 영화 '태풍'의 촬영지 중앙광장을 관람한 후 잠수함 내부를 견학할 수 있는 'C-56 잠수함 박물관'을 둘러본다.

연해주 향토박물관 → 신한촌 → 잠수함박물관 → 꺼지지 않는 불 → 니콜라이 개선문 다양한 맛집 탐방

연해주 향토박물관 / 신한촌 / 잠수함박물관 / 꺼지지 않는 불

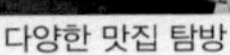
다양한 맛집 탐방

니콜라이 개선문

▶4일차

12시에 공항기차를 타고 1시간 걸려 공항으로 이동해야 제시간에 돌아올 수 있다. 마지막 날에 츄다데이, 이브로쉐, 100여 년 역사를 갖고 있는 굼 백화점 등의 쇼핑을 즐기고 시베리아 횡단열차의 시발역이자 종착역인 블라디보스토크 기차역을 관광하고 12시에는 공항기차를 탑승하는 것이 좋다.

츄다데이 → 이브로쉐 → 블라디보스토크 기차역 → 공항기차 → 공항

츄다데이 / 이브로쉐 / 블라디보스토크 기차역 / 공항

■ 일반적인 겨울여행 코스

블라디보스토크를 겨울에 여행하는 여행자도 늘어나고 있다. 하지만 겨울의 블라디보스토크는 어떻게 여행할지 당황스럽다는 여행자부터, 준비를 어떻게 해야 할지도 모르겠다는 질문이 대다수이다. 블라디보스토크 외곽의 루스키 섬을 여행하기보다 시내를 여행하는 것이 좋다. 루스키 섬 일정을 얼음낚시 일정으로 변경한다고 생각하면 된다.

▶1일차

1일차에 도착하면 조금만 있어도 어둠이 깔리기 시작한다. 블라디보스토크의 심장인 중앙광장과 젊음의 거리 '아르바트거리'와 태평양이 내려다보이는 '아무르만'의 해변과 젊음과 활기의 장소인 아르바트 거리를 즐긴다.

중앙광장 → 아르바트 거리 → 해양공원 → 아게안 영화관 → 해산물 마켓 → 체르니곱스키 사원 → 다양한 맛집 탐방

▶2일차

중앙광장부터 시내의 주요 볼거리를 보고 오후에 푸니쿨라 역에서 내려 독수리전망대를 다녀온다.

연해주 향토박물관 → 잠수함박물관 → 니콜라이 개선문 → 비쇼츠키 동상 → 마린스키 극장 → 푸니쿨라역에서 하차 → 독수리 전망대 → 얼음낚시(또는 스키장) → 반야

▶3일차

12시에 공항기차를 타고 1시간 걸려 공항으로 이동해야 제시간에 돌아올 수 있다. 마지막 날에 츄다데이, 이브로쉐, 100여 년 역사를 갖고 있는 굼 백화점 등의 쇼핑을 즐기고 시베리아 횡단열차의 시발역이자 종착역인 블라디보스토크 기차역을 관광하고 12시에는 공항기차를 탑승하는 것이 좋다.

츄다데이 → 이브로쉐 → 블라디보스토크 기차역 → 공항기차 → 공항

■ 이스타 항공을 이용한 1박 3일 주말 도깨비 여행코스

이스타 항공은 밤 22시에 출발하기 때문에 블라디보스토크 시내로 들어가기가 힘들다. 같이 온 일행이 있다면 같이 막심 어플로 택시를 미리 예약하고 공항에 내리면 출발하여 숙소로 이동하는 것이 좋다. 물론 버스를 이용하면 좋지만 시간이 오래 걸리기 때문에 3~4명이라면 택시를 추천한다.

이스타항공 출발과 도착시간

노선	출발	도착	운항요일
인천 → 블라디보스토크	22:45	다음날 02:00	수/금/일
블라디보스토크 → 인천	02:50	05:00	월/목/토

▶1일차 (주말 피로 풀기)
숙소에서 피곤하게 일찍 출발하지 말고 오전 10시정도에 쉬었다가 출발하는데 가장 먼저 주말시장이 열리는 혁명광장에서 여행을 시작하는 것이 좋을 것 같다. 극동 동방대학이나 루스키 섬으로 가려면 마트에서 미리 먹거리는 준비해서 이동하는 것이 좋다. 시내를 벗어나면 슈퍼가 많지 않다.

공항 → 숙소 → 혁명광장 → 주말 시장 → 마트에서 먹거리 준비 → 택시나 버스타고 루스키 섬의 극동 동방 대학으로 이동 → 반야 → 저녁 식사 → 숙소

▶2일차 (시내 누비기)
2일차에는 시외로 벗어나서 여행을 하기 보다는 아르바트 거리, 해양공원을 걸어 다니면서 관광 명소를 둘러보고 쇼핑과 식사를 하면서 새벽에 돌아갈 준비를 하는 것이 좋다.

아르바트 거리 → 아침 식사 → 굼 백화점 골목길 → 전쟁공원(솔제니친 동상, 잠수함 박물관) → 점심 식사 → 독수리전망대(푸니꿀료르) → 쇼핑 → 저녁식사 → 새벽 2시 출발 → 새벽 5시 인천 도착

나의 여행스타일은?

나의 여행스타일은 어떠한가? 알아보는 것도 나쁘지 않다. 특히 홀로 여행하거나 친구와 연인, 가족끼리의 여행에서도 스타일이 달라서 싸우기도 한다. 여행계획을 미리 세워서 계획대로 여행을 해야 하는 사람과 무계획이 계획이라고 무작정 여행하는 경우도 있다.

무작정 여행한다면 자신의 여행일정에 맞춰 추천여행코스를 보고 따라가면서 여행하는 것도 좋은 방법이다. 계획을 세워서 여행해야 한다면 추천여행코스를 보고 자신의 여행코스를 지도에 표시해 동선을 맞춰보는 것이 좋다.

레스토랑도 시간대에 따라 할인이 되는 경우도 있어서 시간대를 적당하게 맞춰야 한다. 하지만 빠듯하게 여행계획을 세우면 틀어지는 것은 어쩔 수 없으니 미리 적당한 여행계획을 세워야 한다.

1. 숙박(호텔 VS YHA)

잠자리가 편해야(호텔, 아파트) / 잠만 잘 건데(호스텔, 게스트하우스)

다른 것은 다 포기해도 숙소는 편하게 나 혼자 머물러야 한다면 호텔이 가장 좋다. 하지만 여행경비가 부족하거나 다른 사람과 잘 어울린다면 호스텔이 의외로 여행의 재미를 증가시켜 줄 수도 있다.

2. 레스토랑 VS 길거리음식

카페, 레스토랑 / 길거리 음식

길거리 음식에 대해 심하게 불신한다면 카페나 레스토랑에 가야 할 것이다. 그렇지만 블라디보스토크는 물가가 저렴하여 길거리음식을 사먹는 경우는 많지 않아서 불안해할 필요가 없다.

3. 스타일(느긋 VS 빨리)

휴양지(느긋) 〉 도시(적당히 빨리)

자신이 어떻게 생활하는 지 생각하면 나의 여행스타일은 어떨지 판단할 수 있다. 물론 여행지마다 다를 수도 있다. 휴양지에서 느긋하게 쉬어야 하지만 도시에서는 아무 것도 안하고 느긋하게만 지낼 수는 없다. 블라디보스토크는 반야의 휴양과 도시여행이 혼합되어 있다.

4. 경비(짠돌이 VS 쓰고봄)

여행지, 여행기간마다 다름(환경적응론)

여행경비를 사전에 준비해서 적당히 써야 하는데 너무 짠돌이 여행을 하면 남는 게 없고 너무 펑펑 쓰면 돌아가서 여행경비를 채워야 하는 것이 힘들다. 짠돌이 여행유형은 박물관을 보지 않는 경우가 많지만 블라디보스토크에서는 박물관 입장료가 비싸지 않으니 무작정 들어가지 않는 행동은 삼가는 것이 좋을 것이다.

5. 여행코스(여행 VS 쇼핑)

여행코스는 여행지와 여행기간마다 다르다. 블라디보스토크는 여행코스에 적당하게 쇼핑도 할 수 있고 여행도 할 수 있으며 맛집 탐방도 가능할 정도로 관광지가 멀지 않아서 고민할 필요가 없다.

6. 교통수단(택시 VS 뚜벅)

여행지, 여행기간마다 다르고 자신이 처한 환경에 따라 다르지만 블라디보스토크에서는 독수리 전망대, 극동연방대학교, 루스키 섬, 반야를 가야할 때를 빼고 버스나 택시를 탈 경우는 없다. 블라디보스토크 도시 자체가 크지 않아서 걸어 다니는 것이 대부분이다.

나 홀로 여행족을 위한 여행코스

홀로 여행하는 여행자가 급증하고 있다. 블라디보스토크는 혼자서 여행하기에 좋은 도시이다. 먼저 물가가 저렴하고 유럽의 도시처럼 멀리멀리 가는 코스가 많지 않아서 여행을 할 때 물어보지 않고도 충분히 길이나 명소를 찾아갈 수 있다. 혼자서 러시아식 사우나인 반야를 즐겨보는 것도 좋은 코스가 된다.

주의사항

1. 숙소는 위치가 가장 중요하다. 밤에 밖에 있다가 숙소로 돌아오기 쉬운 위치가 가장 우선 고려해야 한다. 나 혼자 있는 것을 좋아한다면 호텔로 정해야겠지만 숙소는 호스텔도 나쁘지 않다. 호스텔에서 새로운 친구를 만나 여행할 수도 있지만 가장 좋은 점은 모르는 여행 정보를 다른 여행자에게 쉽게 물어볼 수 있다.
2. 자신의 여행스타일을 먼저 파악해야 한다. 가고 싶은 관광지를 우선 선정하고 하고 싶은 것과 먹고 싶은 곳을 적어 놓고 지도에 표시하는 것이 가장 중요하다. 지도에 표시하면 자연스럽게 동선이 결정된다. 꼭 원하는 장소를 방문하려면 지도에 표시하는 것이 좋다.
3. 혼자서 날씨가 좋지 않을 때 루스키 섬을 가는 것은 추천하지 않는다. 걸으면서 풍경을 봐야 하는 데 풍경도 보지 못하지만 의외로 루스키 섬에 자신만 걷고 있는 것을 확인할 수도 있다. 돌아오는 길을 잊어서 고생하는 경우가 발생할 수 있다. 루스키 섬은 날씨가 좋을 때 방문해야 한다.
4. 러시아식 사우나인 반야를 홀로 즐기면서 고독을 즐겨보는 것이 좋다. 반야는 시간이 5시간 정도는 미리 확보하는 것이 충분히 반야를 즐기는 방법이며 사전에 막심 어플로 택시를 미리 예약하고 출발과 돌아오는 시간을 미리 계획하여 택시를 타는 것을 추천한다.
5. 쇼핑을 하고 싶다면 사전에 쇼핑품목을 적어 와서 마지막 날에 몰아서 하거나 날씨가 좋지 않을 때, 숙소로 돌아갈 때 잠깐 쇼핑하는 것이 좋다.

자녀와 함께하는 여행코스

자녀와 함께 블라디보스토크도 유럽 여행 전에 미리 경험해 보면 좋은 여행이 될 것이다. 아이와 여행을 하려면 무리하게 박물관을 많이 방문하는 것은 아이들의 흥미를 떨어뜨리게 된다.

자녀와 여행을 하면 실패하는 요인은 부모의 욕심으로 자녀가 싫어하는 것이 무엇인지 모르는 것이다. 자녀와의 여행에서 중요한 것은 많이 보는 것이 아니고 즐거운 기억을 남기는 것이라는 사실을 인식해야 한다.

주의사항

1. 숙소는 아르바트 거리 근처의 호텔로 정하여 이동거리를 줄인다.
2. 비행기로 들어온 첫날 외곽으로 이동하면 아이는 벌써 힘들어한다는 것을 인식하자. 코스는 1일차에 시내의 어린이 공원과 해양공원에서 같이 즐기고 샤슬릭과 킹크랩을 먹는 것이 아이들이 가장 좋아하는 코스이다.
3. 2일차에 외곽으로 이동할 계획을 세우는 것이 좋다. 사전에 미리 먹거리를 준비해 이동하면서 아이들이 배고파해도 지속적으로 먹도록 해주어 배고파하지 않도록 한다. 주변에 먹거리를 구입할 마트가 부족한 것을 확인한다. 오전에 일찍 루스키 섬으로 이동하여 아쿠아리움의 공연을 보면서 아이의 흥미를 높이고 나서 극방연방 대학교에서 자전거를 타면서 사진도 찍고 부모와 함께 하는 시간을 높이는 것이 좋다.
4. 외곽으로 이동할 때 아이가 걷는 것을 싫어한다면 막심 어플로 택시를 미리 예약하고 출발과 돌아오는 시간을 미리 계획하는 것이 아이의 짜증을 줄이는 방법이다.
5. 돌아오는 날에는 쇼핑을 하면서 원하는 것을 한꺼번에 구입하면서 공항으로 돌아가는 시간을 잘 확인하는 것이 좋다. 버스나 택시보다는 공항기차를 이용해 시간을 정확하게 맞추는 것이 좋다.

부모와 함께하는 효도 여행코스

나의 부모님와 함께 블라디보스토크 여행도 미리 고려해야 할 것을 생각하고 있으면 좋은 여행이 될 것이다. 나의 부모와 여행을 하려면 무리하게 볼 것을 코스에 많이 넣기보다 인상적인 박물관 등을 방문하는 것은 흥미를 유발한다. 옛 분위기를 연출하는 잠수함박물관은 아버지가 좋아하며 분위기 있는 레스토랑에서 먹는 킹크랩은 어머니께서 좋아하신다.
부모님과 여행을 하면 실패하는 요인은 너무 많이 걸으면 피곤해 하시기 때문에 동선을 줄여 피곤함을 줄이고 여행의 중간 중간 마시고 조금씩 먹어서 기력을 회복하시고 여행할 수 있도록 하는 것이다. 다만 요즈음 건강관리를 잘하신 부모님은 자식보다 잘 걷는 경우가 발생하기도 하기 때문에 부모님의 건강을 미리 가늠하고 출발하는 것이 좋다.

주의사항

1. 숙소는 아르바트 거리 근처의 호텔로 정하여 이동거리를 줄인다. 한국인 민박이나 아파트보다 호텔을 좋아하신다. 현대호텔을 좋아하시지만 가격이 확인하고 예약하면 된다.
2. 비행기로 들어온 첫날 숙소가 관광지와 가까워야 여행이 쉽게 시작된다. 아르바트 거리에서 걷다가 수프라나 주마 같은 레스토랑으로 가면 맛있는 음식에 부모님이 좋아하시는 것을 경험하였다. 코스는 1일차에 시내에서 같이 즐기고 샤슬릭과 킹크랩을 좋아하시는 경향이 있다.
3. 2일차에 외곽으로 이동한다면 루스키 섬이나 극방연방 대학교에서 바다를 보거나 자전거를 타는 것은 이국적인 풍경이 아니어서 부모님은 좋아하시지 않을 것이다.
4. 러시아식 사우나인 반야를 즐겨보는 것이 좋다. 우리나라에서 즐길 수 없는 러시아식 사우나는 부모님이 몸에도 좋아서 만족하시는 경향이 높다. 반야는 시간이 5시간 정도는 미리 확보하는 것이 충분히 반야를 즐기는 방법이며 사전에 막심 어플로 택시를 미리 예약하고 출발과 돌아오는 시간을 미리 계획하여 택시를 타는 것을 추천한다.
5. 외곽으로 이동할 때 막심 어플로 택시를 미리 예약하고 출발과 돌아오는 시간을 미리 계획하는 것이 부모님의 피로를 미리 고려하는 방법이다.
6. 돌아오는 날에는 쇼핑을 하면서 원하는 것을 한꺼번에 구입하면서 공항으로 돌아가는 시간을 잘 확인하는 것이 좋다. 버스나 택시보다는 공항기차를 이용해 시간을 정확하게 맞추는 것이 좋다.

연인이나 부부가 함께하는 여행코스

연인이나 부부가 여행을 와서 즐거운 추억을 남기려면 남자는 연인이나 부인이 좋아하는 맛집을 미리 가이드북을 보면서 위치를 확인하는 것이 좋다. 하루에 2번 정도 레스토랑이나 카페를 미리 상의하는 것도 좋은 방법이다.

여행코스는 기억에 남을만한 명소를 같이 가서 추억을 남기는 것이 포인트이다. 좋은 장소는 독수리 전망대, 극동연방대학교의 자전거 타기, 아르바트 거리의 맛집 탐방은 빼놓지 말아야 한다. 평생의 기억을 남기고 싶다면 마린스키 극장에서 보는 발레 공연을 추천한다. 공연을 좋아하지 않아도 발레 공연은 싫어하지 않는다.

주의사항

1. 숙소는 아르바트 거리 근처의 호텔로 내부 시설을 미리 확인하는 것이 좋다.
2. 비행기로 들어온 첫날은 해양공원과 아르바트 거리에서 아름다운 풍경을 즐기고 해지는 시간을 확인해 독수리 전망대를 택시를 타고 이동하여 해지는 풍경을 같이 보는 것이 중요하다.
3. 블라디보스토크의 대표적인 레스토랑인 주마나 수프라를 가려고 한다면 주마보다는 수프라를 추천한다. 주마의 킹크랩은 조금 더 저렴한 다른 레스토랑으로 가거나 숙소로 배달하여 킹크랩을 먹는 것을 추천한다.
4. 굼 백화점 옛 골목길에는 블라디보스토크에서 가장 인기 있는 카페가 많으므로 빼놓지 말자.
5. 2일차에 외곽으로 이동할 때는 너무 멀리 루스키 섬으로 이동하는 것보다 극동연방대학교를 추천한다. 사전에 소풍을 갈 준비를 하고 가는 것이 중요하다. 시기가 5~6월, 9~10월 초라면 극방연방 대학교에서 자전거를 타는 것이 좋다. 날씨가 좋아서 사진을 찍으면서 추억을 남기기 좋다.
6. 여행을 하다가 길을 잃어버릴 수도 있으니 사전에 막심 어플을 사용하는 방법을 확인해 두는 것이 좋다. 택시를 타려고 해도 미리 예약을 해야 하는데 잘 못한다면 좋은 인상을 받지 못할 수 있다.
7. 잠수함 박물관은 여성들이 모르지만 신기해하므로 방문하는 것을 추천한다.
8. 쇼핑할 시간이 필요하다면 식사를 하고 소화를 시키면서 쇼핑을 하는 것이 편하다.
9. 루스키 섬을 걷고 싶다면 날씨를 미리 확인해야 한다. 루스키 섬은 안개가 많이 끼는 장소이기 때문에 봄보다는 가을이 방문하기에 좋다.

친구와 함께하는 여행코스

친구와 여행하는 것은 평소에 못해보는 경험을 하기 위한 것이다. 날씨가 좋다면 루스키 섬을 걸으면서 풍경을 보고 이야기 나누는 것을 추천한다. 또한 러시아식 사우나인 반야를 즐겨보는 것도 좋은 코스가 된다.

주의사항

1. 숙소는 시내로 정해 위치를 확인하는 것이 좋고 호스텔도 나쁘지 않다.
2. 친구와 가고 싶은 곳을 서로 이야기로 공유하고 같이 하고 싶은 곳과 방문하고 싶은 곳이 일치하는 곳을 위주로 코스를 계획하고 서로 꼭 원하는 장소를 중간에 방문하는 것이 좋다.
3. 남자끼리의 여행이라면 루스키 섬을 걸으면서 풍경을 보고 이야기 나누는 것을 추천한다. 루스키 섬은 날씨가 좋으면 풍경이 아름답기 때문에 좋은 추억을 남길 수 있다.
4. 러시아식 사우나인 반야를 즐겨보는 것이 좋다. 반야는 시간이 5시간 정도는 미리 확보하는 것이 충분히 반야를 즐기는 방법이며 사전에 막심 어플로 택시를 미리 예약하고 출발과 돌아오는 시간을 미리 계획하여 택시를 타는 것을 추천한다.
5. 쇼핑을 하려고 하면 츄다데이는 오전에 제품이 있을 때, 아르바트 거리의 츄다데이가 종류가 다양하고 물건이 많다. 이브로쉐는 언제든지 방문해도 좋다. 쇼핑은 서로 적절하게 맞추는 것이 쇼핑을 싫어하는 친구라면 쇼핑 시간만큼 따로 다니는 것이 싸우지 않을 수도 있다.

블라디보스토크 겨울여행

1. 얼음낚시

MBC 프로그램인 '사십춘기'에서 정준하와 권상우가 즐겼던 블라디보스토크에서 겨울에만 느낄 수 있는 짜릿한 경험은 얼음낚시일 것이다. 얼지 않는 항구를 원하는 러시아가 찾았던 극동의 부동항이라던 학교에서 배운 지식이 무색하게 바다가 얼면 블라디보스토크 시민들은 얼음낚시를 한다. 이 경험은 블라디보스토크에 대해 새로운 느낌을 가지게 할 것이다.

2. 사우나 반야(Баня)

KBS의 여행프로그램인 '베틀트립'의 유세윤과 뮤지가 즐긴 러시아 사우나인 반야Баня는 러시아만의 문화는 아니다. 북유럽과 발트지방은 예부터 같은 사우나를 즐겨왔고 겨울에는 추운 날씨가 몸에 영향을 많이 주는 특성상 사우나가 발전되어 왔다. 반야의 핵심은 사우나만 즐기는 것이 아니라 자작나무로 몸을 두드리면 관절도 좋아지고 몸의 독소가 빠져나가며 내 몸의 나쁜 운도 빠져나간다고 생각한다. 특히 블라디보스토크 겨울여행에서 얼음낚시나 스키장에서 오후부터 즐기고 저녁에 사우나, 반야를 즐기는 것이 블라디보스토크 겨울여행의 핵심이다.

반야 즐기는 순서

세면도구와 음료 준비 → 가운을 입고 사우나 IN 1번 사진→ 사우나에 습도를 높이기 위해 돌에 물을 부음 2번 사진 → 자작나무로 몸을 아래에서 위로 두두림 3번 사진 → 15~25분 정도 몸을 데움 → 찬물에 들어가거나 공기로 몸을 식힘 → 2~3회 반복(어지럽지 않도록 조심

3. 겨울 스키장

블라디보스토크의 북동쪽에 있는 프리모스키지방의 스키장은 시내에서 1시간 정도의 시간이면 도착할 수 있다. 약 15,000원 정도의 저렴한 비용으로 스키를 탈 수 있고 스키어로 꽉 찬 코스가 없어서 여유롭게 겨울 스키를 즐길 수 있다.

겨울여행의 특징

여름의 블라디보스토크가 꽤 더운 것을 보고 "겨울 여행도 괜찮겠지"하는 생각을 할 수도 있지만 겨울에는 아무르만에서 불어오는 바다 바람으로 추위를 대비해야 한다. 블라디보스토크는 시베리아 기단의 찬바람에 체감온도가 낮아진다. 겨울 평균기온이 영하 9~13도로 낮다. 또한 바람이 심하게 불어서 체감온도가 떨어지기 때문에 대비를 해야 한다.

1. 낮의 길이 약 6~7시간

12월~1월은 오전 9시 정도에 해가 떠서 오후 4시 정도면 지기 때문에 활동이 가능한 밝은 시간은 6~7시간 정도밖에 안 된다. 따라서 여름 여행의 정보만 알고 이동하면 여행 중에 문제가 많이 발생한다.

2. 먹거리

블라디보스토크는 겨울에 마트들이 일찍 문을 닫기 때문에 식사시간을 놓치는 경우도 많다. 굶지 않으려면 사전에 미리 먹거리를 준비해야 한다. 우리나라에서 떠나기 전에 마트에서 필요한 식품들을 사두면 편리하다. 라면, 햇반 ,고추장, 밑반찬 등이다.

3. 방한대책

여름의 날씨도 무척 변덕스럽기 때문에 체감온도가 낮지만 겨울에는 해안에서 불어오는 바람이 심하게 불어서 체감온도가 더욱 낮아진다. 털모자, 털장갑, 마스크, 귀마개, 두터운 보온양말, 목도리 등을 준비하고 핫(Hot)팩은 미리 한국에서 챙겨 가면 유용하게 사용하게 된다.

4. 공항에서 버스보다 기차 이용

공항에 도착하면 주저하지 말고 밖으로 나가면 앞에 공항버스가 대기하고 있다. 하지만 버스는 인원이 다 차야만 출발한다. 버스보다 공항 좌측으로 이동해 실내로 이어진 기차를 탑승하면 춥지 않게 출발할 수 있다.

5. 실시간 날씨 검색

겨울에 블라디보스토크를 여행하면서 미리 일기예보 검색을 하는 것이 좋다. 네이버를 통해 검색을 해도 되지만 조금 더 자세한 날씨 정보를 원한다면 http://www.gismeteo.ru를 활용하자.

대표적인 블라디보스토크 축제

블라디보스토크는 겨울이 6개월 정도 지속되기 때문에 여름인 7~8월에 시민들을 위한 축제가 몰려 있다. 5월의 전승기념일과 9월의 아시아–태평양 영화제, 킹크랩 축제까지 대부분은 5~9월까지 축제를 열어 관광객을 끌어 모으려는 노력을 하고 있다.

5월 9일 전승기념일(ДЕНЬ ПОБЕДЫ)

블라디보스토크는 군사도시로 시작한 만큼 공휴일 중 전승기념일은 화려하게 도로를 채운다. 제2차 세계대전에서 독일과의 전쟁을 '대조국 전쟁'이라고 부르는데 그 승리를 기념하는 날로 중앙 광장을 비롯해 도시의 도로를 무기와 열병 퍼레이드 행사로 수놓는다.

7월 바디 페인팅 축제

블라디보스토크 시민들을 위한 축제로 7월 첫 주 주말에 디나모 경기장에서 벌인다. 겨울이 긴 블라디보스토크는 여름을 즐기는 시간을 만들어 우울한 겨울과 대비해 여름에 다양한 소규모 축제를 만들고 있는데 바디 페인팅 축제도 비슷하다.

7, 9월 킹크랩 축제

킹크랩이 가장 많이 잡히는 시즌에 저렴한 가격으로 관광객을 끌어 모으기 위해 만든 축제로 블라디보스토크를 방문하는 관광객의 필수 먹거리인 킹크랩을 절반가격에 먹을 수 있는 기회이다. www.kingcrabrussia.ru에서 확인하면 매년 열리는 날짜를 확인할 수 있다.

영화제

9월 아시아-태평양 국제 영화제

아게안 영화관에서 매년 9월에 열리는 국제 영화제로 제1회에 '질투는 나의 힘'이 특별초청되기 시작해 김기덕 영화감독이 초기에 수상을 많이 해 대한민국과도 연관이 깊은 영화제이다. 2017년 EBS 시베리아 호랑이가 특별상을 수상하기도 했다.
러시아 정부에서 극동지역의 영향력을 높이기 위해 더욱 문화산업에 관심을 보이는 영화제로 시민들도 해양공원에서 야외상영을 보면서 즐기는 영화제로 성장하고 있다.

여행 준비물

1. 여권

여권은 반드시 필요한 준비물이다. 의외로 여권을 놓치고 당황하는 여행자도 있으니 주의하자. 유효기간이 6개월 미만이면 미리 갱신하여야 문제가 발생하지 않는다.

2. 환전

루블을 현금으로 준비하는 것이 가장 효율적이다. 예전에는 은행에 잘 아는 누군가에게 부탁해 환전을 하면 환전수수료가 저렴하다고 했지만 요즈음은 인터넷 상에 '환전우대권'이 많으므로 이것을 이용해 환전수수료를 줄여 환전하면 된다.

3. 여행자보험

물건을 도난당하거나 잃어버리든지 몸이 아플 때 보상 받을 수 있는 방법은 여행자보험에 가입해 활용하는 것이다. 아플 때는 병원에서 치료를 받고 나서 의사의 진단서와 약을 구입한 영수증을 챙겨서 돌아와 보상 받을 수 있다. 도난이나 타인의 물품을 파손 시킨 경우에는 경찰서에 가서 신고를 하고 '폴리스리포트'를 받아와 귀국 후에 보험회사에 절차를 밟아 청구하면 된다. 보험은 인터넷으로 가입하면 1만원 내외의 비용으로 가입이 가능하며 자세한 보상 절차는 보험사의 약관에 나와 있다.

4. 여행 짐 싸기

짧은 일정으로 다녀오는 블라디보스토크 여행은 간편하게 싸야 여행에서 고생을 하지 않는다. 돌아올 때는 면세점에서 구입한 물건이 생겨 짐이 늘어나므로 가방의 60~70%만 채워가는 것이 좋다.

주요물품은 가이드북, 카메라(충전기), 세면도구(숙소에 비치되어 있지만 일부 호텔에는 없는 경우도 있음), 수건(해변을 이용할 때는 큰 비치용이 좋음), 속옷, 상하의 1벌, 신발(운동화가 좋음)

5. 한국음식

고추장/쌈장

각종 캔류

즉석밥

라면

6. 준비물 체크리스트

분야	품목	개수	체크(V)
생활용품	수건(수영장이나 바냐 이용시 필요)		
	썬크림		
	치약(2개)		
	칫솔(2개)		
	샴푸, 린스, 바디샴푸		
	숟가락, 젓가락		
	카메라		
	메모리		
	두통약		
	방수자켓(우산은 비람이 많이 불어 유용하지 않음)		
	트레킹화(방수)		
	슬리퍼		
	멀티어뎁터		
	패딩점퍼(겨울)		
식량	쌀		
	커피믹스		
	라면		
	깻잎, 캔 등		
	고추장, 쌈장		
	김		
	포장 김치		
	즉석 자장, 카레		
약품	감기약, 소화제, 지사제		
	진통제		
	대일밴드		
	감기약		

환전(1루블=19.54원)

블라디보스토크 여행에는 러시아 화폐인 루블[Rub]이 필요하다. 루블은 우리나라에서 하나은행(구 외환은행)에서만 환전이 가능하나 환전 수수료가 비싼 편이다. 대한민국에서 환전하는 것보다, 달러로 환전한 후에 블라디보스토크에서 달러를 루블[Rub]로 바꾸는 것이 가장 편리하고 환전율도 유리하다. 공항에서 환전을 하는 것보다 시내 사설 환전소를 이용하는 것이 환전율이 좋으니 공항에서 시내까지만 사용할 최소한의 루블만 환전하자.

러시아는 물건을 구입하고 지폐를 내면 동전으로 주는 방식의 계산보다 정확한 돈을 주는 것을 좋아하지만 지금은 지폐를 주어도 동전을 주기 때문에 쳐다보지는 않는다. 예를 들어 386루블[Rub]이라면 350루블은 지폐로 내고 36루블은 동전으로 주는 것이 일반적이었고 동전이 없을 경우 계속 달라고 쳐다보는 경우가 많았다. 버스를 탈 때는 동전을 미리 준비하는 것이 좋다. 시내는 4루블[Rub]이고 루스키 섬을 가도 21루블[Rub]이니 돌아오는 비용을 준비하는 것이 편리하다.

환전은 ATM기로 하면 더 좋은 환율을 보인다고 하는데 블라디보스토크에서 사용하는 2박 3일간의 사용하는 금액이 대부분 20~30만 원이기 때문에 환전소에서 손쉽게 하는 것이 편리하고 안전하다.

인터넷

블라디보스토크에서 인터넷을 사용해 보면 러시아의 모스크바나 유럽보다 빠르다는 사실을 알 수 있다. 대부분의 숙박업소나 카페, 레스토랑, 패스트푸드에서 무료로 와이파이(Wi-fi)를 제공하고 있다. 버스에서 와이파이는 사용이 불가능하다.

심(SIM)카드

SNS를 이용하는 것이 일반화된 요즈음, 스마트폰을 블라디보스토크 여행에서 사용할 수 없다면 불편하고 지루하게 느끼게 된다. 2박 3일 정도의 짧은 여행기간 동안 스마트폰에서 인터넷을 사용하는 것은 일반적이다. 데이터 무제한 로밍을 사용하거나 심카드를 교체하여 사용하면 된다.

해외 무제한 데이터로밍

블라디보스토크에서 3일정도의 짧은 기간 동안 하루에 9,000~9,900원정도의 금액으로 데이터를 무제한 사용할 수 있다. 데이터양을 정해 사용하는 방법도 있다. 500MB인지의 데이터 양을 정해야 하기 때문에 사전에 전화로 상담하여야 한다. 또한 만약 하루 동안 사용하지 않으면 비용은 청구되지 않는다. 하루단위로 청구되기 때문에 감안하여 사용하면 된다.

블라디보스토크에서 무제한 로밍을 이용하면 좋은 점은 한국에서 사용하던 핸드폰 번호를 그대로 사용할 수 있기 때문에 문자와 전화(전화는 무제한 데이터로밍으로 사용 불가능하니 조심할 것)를 사용할 수 있다.

현지 심(SIM) 카드

유심만 교체하면 되는데 막연하게 너무 힘들고 번거로울 것이라고 생각을 하는 여행자도 많다. 그런데 블라디보스토크에서 심SIM 카드를 사용하는 것은 매우 쉽다. 엠테에스(MTC)와 빌라인 билайн 매장에 가서 스마트폰을 보여주고 데이터의 크기(1기가 300루블, 3기가

엠테에스(MTC)

메가폰(Мегафон)

빌라인(билайн),

600루블, 5기가 700루블)만 선택하면 매장의 직원이 알아서 다 갈아 끼우고 문자도 확인하여 이상이 없으면 돈을 받는다. 공항에서 2박 3일이라면 1~3기가 정도를 사용하니 자신의 여행기간을 감안해 결정하면 된다.

블라디보스토크에서 택시를 타려면 반드시 데이터를 사용해야 한다. 공항에서 시내로 이동을 할 때 택시를 이용하려면 막심 앱을 이용해야 바가지를 쓰지 않는다. 또한 저녁에 숙소를 찾아가는 경우에도 구글 맵이 있으면 쉽게 숙소도 찾을 수 있어서 스마트폰의 필요한 정보를 활용하려면 데이터가 필요하다.

심카드 사용은 무제한 데이터로밍보다 저렴하다는 장점이 있지만 단점은 한국에서 사용하던 핸드폰 번호를 사용할 수 없고 블라디보스토크에서 사용하는 새로운 번호를 받아서 사용하기 때문에 한국에서 문자와 전화는 받을 수 없다는 것이다.

공항보다 시내가 더 저렴

막심 앱을 사용하지 않는다면 공항에서 오래 기다리면서 심(SIM)카드를 구입하는 것보다 시내에서 구입하는 것이 더 저렴하다. 공항보다 시내의 심 카드가 용량과 요금제가 더 다양하기도 하다. 공항과 시내의 심 카드 가격차이가 심하지는 않다. 시내에서는 기차역 오른쪽으로 MTC와 메가폰(Мегафон)이 있고, 기차역 건너편의 슈퍼마켓에 빌라인(билайн) 매장이 있다.

심(SIM)카드 충전

블라디보스토크에서 심카드의 데이터를 다 사용했다면 내가 언제 다시 가겠어? 라는 생각으로 여행이 끝나고 심카드를 버리지만 혹시 다시 갈 수도 있으니 심카드는 잘 보관해 두는 것이 좋다. 심 카드는 한 번 구입하면 시내 곳곳에 비치된 충전기에서 다시 충전해 사용할 수 있다. 영어로 언어를 바꾼 후 충전기를 사용하면 편리하다. 이것이 불편하다면 심 카드를 구입한 곳으로 가서 충전해 달라고 하여 사용해도 된다.

여행 중 물건을 도난당했을 때 대처 요령

처음 해외여행에서 현금이나 카메라 등을 잃어버리면 당황스러워진다. 물건을 잃어버리면 여행을 마치고 집에 가고 싶은 생각이 굴뚝같아진다. 하지만 여행을 마치고 돌아오기는 쉽지 않고 시간이 지나면 기분도 다시 좋아진다. 그래서 해외여행에서 반드시 필요한 것이 여행자 보험에 가입하는 것이다. 해외에서 도난 시 어떻게 해야 할까?를 안다면 남은 여행을 잘 마무리하고 즐겁게 돌아올 수 있다.

물건을 잃어버렸다면 근처에 가장 가까운 경찰서를 찾아야 한다. 경찰서에 가서 '폴리스리포트'를 써야 한다. 폴리스리포트에는 이름과 여권번호를 적기위해 여권을 제시하라고 하며 물품을 도난당한 시간과 장소, 사고이유, 도난 품목과 가격 등을 자세히 기입하게 되어 있어 시간이 1시간 이상은 소요가 된다. 처음에는 나만 잃어버린 거 같아 창피해 하는 경우도 있지만 해결하는 것이 더 급선무이니 빠르게 해결하도록 하자.

폴리스리포트를 쓸 때 가장 조심해야하는 사항은 도난인지 단순 분실인지를 물어보는 것이다. 대부분은 도난이기 때문에 '스톨른stolen'이라는 단어를 경찰관에게 알려줘야 한다. 단순분실은 본인의 과실이라서 여행자보험을 가입해도 보상받지 못한다.
여행을 끝내고 돌아와서는 보험회사에 전화를 걸어 도난 상황을 이야기하고 폴리스리포트와 해당 보험사 보험료 청구서, 휴대품신청서, 통장사본과 여권을 보낸다. 도난당한 물품의 구매 영수증이 있다면 조금 더 보상받는 데 도움이 되지만 없어도 상관은 없다. 보상금액은 여행자보험에 가입할 당시의 최고금액이 결정되어 있어 그 금액이상은 보상이 어렵다. 보통 최고 50만 원까지 보상받는 보험에 가입하는 것이 일반적이다. 보험회사 심사과에서 보상이 결정되면 보험사에서 전화로 알려준다. 여행자보험의 최대 보상한도는 보험의 가입금액에 따라 다르지만 휴대품 도난은 한 개 품목당 최대 20만원까지 전체금액은 80만원까지 배상이 가능하다. 여러 보험사에서 여행자보험을 가입해도 보상은 같다. 그러니 중복 가입하지 말자.

여행자보험을 잘 활용하면 도난당한 휴대품에 대해 일부라도 배상받을 수 있어 유용하지만 최근 이를 악용하는 여행자들이 많아지고 있다고 하니 절대 악용하지 말자. 보험사는 청구 서류에 대해 꼼꼼히 조사한다고 한다. 허위 신고하여 발각되면 법적인 책임을 질 수 있으니 명심하고 자신을 다시 돌아보는 해외여행까지 가서 자신을 버리는 허위신고는 하지 말자.

여권 분실 시 해결방법

여행은 즐거움의 연속이기도 하지만 여권을 잃어버려 당황하는 경우도 많이 있다. 가방 도난이나 여권 분실 같은 어려움에 봉착하면 여행의 즐거움이 다 없어지는 것처럼 집에 가고 싶은 생각만 나기도 한다. 그래서 미리 조심해야 하지만 방심한 그때 바로 지갑, 가방,

카메라 등이 없어지기도 하고 최악의 경우에는 여권도 없어지는 경우도 생긴다.
여행기간 중에 봉착하는 어려움에 당황하지 않고, 그에 대한 대처를 잘하면, 여행이 중단되지 않고 무사히 한국까지 돌아와서 여행 때 있었던 일을 웃으면서 나중에 무용담으로 이야기할 수 있는 순간을 만드는 게 중요한 거 같다. 너무 크게 생각하지 말고 대비방법을 알아보자. 앞서 말한 바와 같이 여권은 외국에서 신분을 증명하는 신분증이다.

잃어버렸다고 당황하지 말고, 해결방법을 알아 여권을 다시 재발급 받으면 된다. 일단 여행준비물 중에 분실을 대비해서 여권복사본과 여권용 사진 2장을 준비해야 해 놓자. 최소한 여권을 카메라나 스마트폰의 카메라로 찍어 놓으면 여권번호, 발행날짜 등 메모를 할 필요가 없어 유용하다. 우선 여권을 분실 했을 때에는 가까운 경찰서로 가서 Police Report를 발급받은 후에 영사관에서 여권을 재발급 받으면 된다.

여권 발급 원칙

대사관에 가면 사진과 폴리스리포트를 제시하고 여권사본을 보여주면 만들어주는데 보통 1~2일 정도 걸린다. 다음날 돌아와야 하면 계속 부탁해서 여권을 받아야 한다. 절실함을 보여 주고 화내지 말고 이야기하면 해결해 주려고 노력한다. 보통 여권을 분실하면 화부터 내고 어떻게 하냐는 푸념을 하는데 그런다고 해결이 되지 않는다.
마지막으로 팁이 있다. 여권을 신청하실 때 신청서와 제출 서류를 꼭 확인한다. 여권을 재발급 받는 분들은 다들 절박한 사람들이다. 여권이 재발급되는 기간은 요즈음 많이 빨라지고 있어 하루 정도 소요가 되며 주말이 끼어 있는 경우는 더 많은 시간이 소요된다.

여권재발급 순서
1. 영사콜센터 전화하기
2. 경찰서가서 폴리스 리포트 쓰기
3. 기다리며 여권 신청 제출확인하고 신청하기

블라디보스토크 영사관

1992년 10월 22일에 설립된 총영사관은 대한민국 국민은 여권을 잃어버렸을 때 연락해야 한다. 업무시간은 월~금 09~12시30분, 14~18시까지이며 토, 일요일과 러시아 공휴일, 한국의 4대 국경일인 3.1절, 제헌절, 광복절, 개천절은 휴무이다.

▶ **주소** : Consulate General of the Republic of Korea Pologaya St. 19 Vladivostok 690091 RussiaP.O.Box 690091 Vladivosotok A/YA 91-270 Russia
▶ Tel : 7-423) 240-2222(비상 : 7-914-712-0818, 7-914-072-8347)
▶ Fax : 7-423) 240-1451(민원용)대표
▶ E-Mail : korvl@mofa.go.kr

KOTRA

▶ Tel : 7-423) 240-7104~7
▶ Fax : 265-2705

한국관광공사

▶ Tel : (7-423) 265-1163,
▶ Fax : (7-423) 265-1164

연해주 한인회

▶ Tel : (7-423) 249-1153
▶ Fax : (7-423) 249-1153
▶ E-mail : kaprussia@gmail.com

현지 긴급 연락처

▶ **화재** : 01
▶ **경찰** : 02
▶ **구급차** : 03

Victory Park
РЕЧКА
RECHKA
Ищимка
Старое кладбище
Starое cemetery
257 г. Холодильник
Holodilnik mt.
УЛ. ПОСТЫШЕВА
УЛ. ШОШИНА
УЛ. НЕВСКАЯ
УЛ. ВОСТРЕЦОВА
УЛ. ВОЛХОВСКАЯ
УЛ. СНЕГОВАЯ
УЛ. ВЫСЕЛКОВАЯ
100-LETIYA VLADIVOSTOKA AVE.
o Zavoda bay
PERVAYA RECHKA
НАРОДНЫЙ ПРОСП.
NARODNIY AV.
OKEANSKIY AVE
PARTIZANSKIY AVE.
УЛ. ПИСАРЕВСКОГО
AVE. KRASNOGO ZNAMENI
Кузнецова
Kuznetsova
Покровский парк
Pokrovsky Park
ПОКРОВСКИЙ ПАРК
POKROVSKY PARK
СТУДЕНЧЕСКАЯ
STUDENCHESKAYA
Фуникулер
Funicular (Cable Railway)
206 г. Бусса
Busse mt.
Владивостокский государственный цирк
Vladivostok State Circus
193 г. Орлиное Гнездо
Orlinoe Gnezdo mt.
Видовая площадка Орлиное Гнездо (700 м)
Eagle Nest View Point (700 meters)
ЦИРК
CIRCUS
ДВГТУ
FESTU (Far Eastern State Technical university)
Пушкинский театр
Pushkin Theatre
УЛ. СВЕТЛАНСКАЯ
УЛ. ПУШКИНСКАЯ
УЛ. ДАЛЬЗАВОДСКАЯ
УЛ. СУХАНОВА
УЛ. СЕМЕНОВСКАЯ
УЛ. АДМИРАЛА
ЦЕНТР
CITY CENTER
Площадь Борцам за власть Советов на Дальнем Востоке
Square of The Fighters For The Soviet Power In The Russian Far East
78 г. Тигровая
Tigrovaya mt.
ВЛАДИВОСТОК
VLADIVOSTOK
м. Бурный
c. Burny
ZOLOTOY ROG BAY
МАЛЬЦЕВСКАЯ
MALTSEVSKAYA
МЫС ЧУРКИН
MYS CHURKIN
KALININA ST.
Приморская сцена Мариинского театра
Primorye stage of Mariinsky Theatre
ЧУРКИН
CHURKIN
УЛ. ХАРЬКОВСКАЯ
138 г. Бурачок
Burachok mt.
ТЕАТР ОПЕРЫ И БАЛЕТА
OPERA HOUSE
УЛ. ОЛЕГА КОШЕВОГО
Бухта Федорова
Fedorova Bay
УЛ. ИВАНОВСКАЯ

VLADIVOSTOK

블라디보스토크 IN

2014년 1월부터 대한민국 국적자는 러시아전역을 60일 무비자로 방문할 수 있게 되어 한국인 관광객은 더욱 늘어났다.

크네비치 공항(Кневичи Airport)

블라디보스토크 시내에서 북동쪽으로 약 50km정도 떨어진 크네비치 공항은 국제선과 국내선으로 나뉜다. 2012년 APEC 정상회담 개최를 계기로 현대식으로 새 단장하고 유리 건물로 디자인하였다. 인터넷을 사용할 수 있고 카페, 커피숍, ATM기, 통신사 등이 들어오면서 새 공항이 세련되어졌다.

국제선을 보면 도쿄 주4회, 베이징 주3회 가는데 부산에만 주6회, 서울 인천은 러시아 항공, 대한항공, S7 항공, 제주항공이 각각 매일 운항하고 있다. 저가항공이 가세하면서 블라디보스토크 관광객은 더욱 늘어날 것으로 판단된다. 외국인 관광객은 지리적으로 가까운 곳에서 온 중국인 관광객들 제외하면 대부분 한국인이다. 해변에 가만히 서있거나, 관광 명소에 방문하면 한국어를 쉽사리 들을 수 있다.

공항에서 시내 IN

공항철도(Экспресс)

(요금 일반석 230루블, 비지니스석 360루블)

공항에 내려 오른쪽으로 이동하여 승차권을 구입해 탑승할 수 있다. 블라디보스토크에서 공항철도인 익스프레스[Экспресс]를 타고 50분이면 블라디보스토크 기차역에 도착할 수 있다. 다만 국제선의 시간대에 맞춰진 공항철도 시간이 아니라 국내선에 맞춰져 있어 무작정 공항철도를 타지 않는 것이 좋다.

시간대가 맞는다면 가장 빨리 시내까지 갈 수 있는 방법이다. 일반석과 비즈니스석(짐보관, 생수 비치)으로 나뉘어 가격대도 다르나 일반석이면 충분하다.

공항 → 블라디보스토크 기차역	
07:48	08 : 42
08:30	09 : 26
10:45	11 : 39
13:15	14 : 09
17:00	18 : 34
블라디보스토크 기차역 → 공항	
07:48	08:02
09:30	09:55
10:45	12:54
13:15	16:54
17:40	18:54
시기마다 시간대가 달라질 수 있음	

탑승순서

승차권의 바코드를 입구에 올려 놓는다

→ 공항철도를 확인하고 빈 자리에 탑승

버스(Автобус)

(요금 버스비150루블+개인 짐 비 75루블)

공항 출구로 나가 횡단보도를 건너 정면에 노란색 간판에 있는 버스가 107번 공항버스이다. 오전 8시부터 1시간 간격의 버스시간이 있지만 지켜지지 않는다.

공항버스가 좋은 점은 버스기사에게 숙소를 알려주면 내려야할 정거장을 알려준다는 점이다.

마지막 정거장은 블라디보스토크 기차역이니 시내 어디에 숙소가 있는지 확인하고 탑승해야 한다. 소요시간은 50분~1시간 20분 정도인데 퇴근시간대이면 시내에서 교통 혼잡이 있어 시내 도착까지 길어진다.

특이하게 버스는 시간에 맞추어 출발하는 것이 아니고 승객이 다 자리에 타야 출발하기 때문에 공항에 내린 승객들이 많을 때 탑승하면 조금 더 일찍 출발한다. 자리가 빈 채로 출발하는 경우는 없다고 생각하면 된다. 버스는 콤비버스정도의 크기라 자리가 비좁다는 점도 단점이다. 버스비는 150루블이지만 개인이 여행캐리어를 가지고 탑승한다면 무조건 75루블이 추가되어 총 225루블로 계산해야 한다.

공항 출발		기차역 출발	
08:10	15:00	06:40	13:20
09:00	16:00	07:20	14:30
10:00	17:00	08:20	15:30
11:00	18:00	09:20	16:20
12:00	19:00	10:20	17:20
13:00		11:20	
14:00		12:20	

택시(Таксм)

공항에서 출구로 나가 공항버스를 지나면 택시 승강장이 나온다. 공항 내에서 택시흥정을 하는 것은 바가지를 쓰는 것이므로 절대 따라가면 안 된다. 같이 간 일행이 4명 정도라면 택시를 타고 편안하게 가는 방법을 추천한다.
공항에서 시내까지 1,600루블 정도가 나오기 때문에 4명이면 400루블 정도이기 때문에 공항철도와 약 160루블 정도 차이가 발생하는데 큰 비용의 차이는 아니다.

막심 택시 어플리케이션(Maxim)

러시아에서 택시를 탑승할 때 시베리아와 극동지역에서 택시 어플인 막심을 다운받아 사용해야 한다. 현지에서 전화를 받을 번호가 있어야 하기 때문에 심카드를 설치하고 나서 이용해야 한다. 막심어플리케이션을 국내에서 미리 다운 받아와서 심카드를 설치해 휴대폰을 개통하고 이용하면 효율적이다. 미리 스마트폰에서 앱을 국내에서 다운받고 심카드를 설치할 때 통신사에서 다 해주는 데 이때 요청하면 막심 앱도 사용할 수 있도록 해준다.

사용 순서

1. 구글 플레이에서 앱 다운로드

2. 본인의 핸드폰 번호(심카드에서 받은 번호)를 입력하고 문자로 발송되는 인증코드 입력
3. 러시아에서 블라디보스토크를 선택하고 영어로 언어를 선택한다.
4. 출발지From과 도착지To를 선택하면 현재 위치가 표시된다.
5. 날짜와 시간, 차량을 선택하고 이코노미Economy로 저렴한 택시까지 선택하면 요금이 나온다.
6. 선택Order을 하고 나면 운전기사 성명, 차종, 차량번호, 도착 예정시간까지 표시된다.
7. 공항처럼 확실한 장소로 선택을 해야 택시기사와 만나기가 편하다.

시내교통

블라디보스토크 시내 이동에 이용되는 교통수단으로는 트롤리, 버스, 트램 등이 있다. 시내 교통수단 중 가장 편리한 것은 버스이다. 버스는 그나마 시간이 정확하여 시민들이 발 역할을 하고 있다.

버스(Автобус)

블라디보스토크 시민들이 주로 사용하는 버스를 타려고 하면 가끔 우리나라의 한글 광고판이 있는 버스를 탈 때가 있다. 이때는 마치 서울에서 버스를 타는 것 같은 느낌이 든다. 현대나 기아, 대우 브랜드를 달고 있는 버스는 더 친숙하게 느껴진다. 전기로 운행되는 트롤리 버스와 트램은 시내에는 없고 신한촌 등의 외곽에서 운행되고 있다.

트램

트롤리 버스

버스의 종류는 우리나라에서 운행되는 45인승 버스도 있지만 15인승, 25인승의 미니버스도 운행되고 있으니 작다고 버스가 아니라고 생각하면 안 된다. 관광객이 버스를 타는 경우는 독수리 전망대(16번 버스)를 갈 때와 외곽의 루스키 섬(15번 버스)을 가는 2가지가 대부분이다.

▶시내에서 독수리 전망대까지 4루블
▶시내에서 루스키 섬까지 21루블

버스이용 안내

버스를 탈 때 뒤로 타고 내릴 때 앞으로 이동하여 버스 운전사에게 직접 요금은 동전으로 지불해야 하니 미리 동전을 준비해 두어야 한다. 가끔씩 미리 동전을 준비하지 못해 지폐를 제시하면 얼굴의 표정이 일그러지는 장면과 러시아어로 말을 하면서 불만을 표시하는 경우가 많다. 요금은 거리별로 계산된다.

❶ 뒤로 탑승
❷ 버스 운전사에서 직접 요금 지불
❸ 앞으로 하차

블라디보스토크 버스노선도

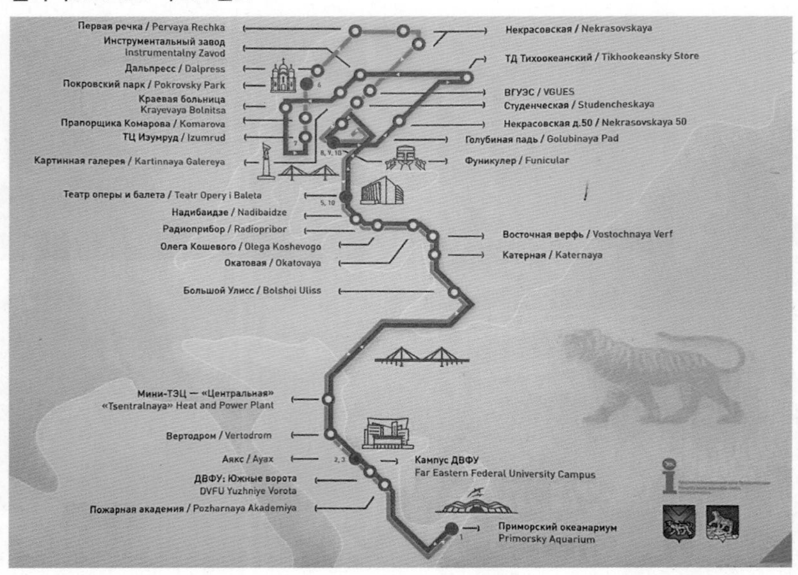

택시(Такси)

택시를 탑승하려면 길가의 택시정거장에서 택시를 기다리거나 길가에서 손을 들어 타는 일반적인 탑승과 달리 블라디보스토크에서 택시는 예약을 하고 타게 된다. 막심 어플로 택시를 요청하면 근처의 택시가 승낙을 하면 택시에 대한 날짜, 시간, 차종, 차량번호가 어플에 나오게 된다. 기다리다가 택시가 오면 탑승하면 되기 때문에 예약에 익숙해지는 것이 택시 이용에 유리하다.

블라디보스토크 시내에서 택시를 타지 않겠지만 독수리 전망대와 루스키 섬 등은 택시를 타고 가는 경우가 많다. 같이 가는 여행자가 3명만 되도 택시비는 비싸지 않다. (시내의 택시비 200~300루블)

공항 미리보기

공항철도에서 바라본 공항 오른쪽에 공항버스인 107번버스가 있다.

에스칼레이터를 기준으로 정면에 보이는 곳에 주요 상점이 있고 중앙에 택시와 심카드를 파는 통신사 에스컬레이터 옆에 ATM기와 벌꿀 판매점이 있다.

공항내에 있는 커피 전문점

작은 마켓 중앙에 있다.

블라디보스토크에서 가장 유명한 해산물인 킹크랩과 곰새우를 판매하고 있다.

택시 앞에서 바라본 공항의 모습

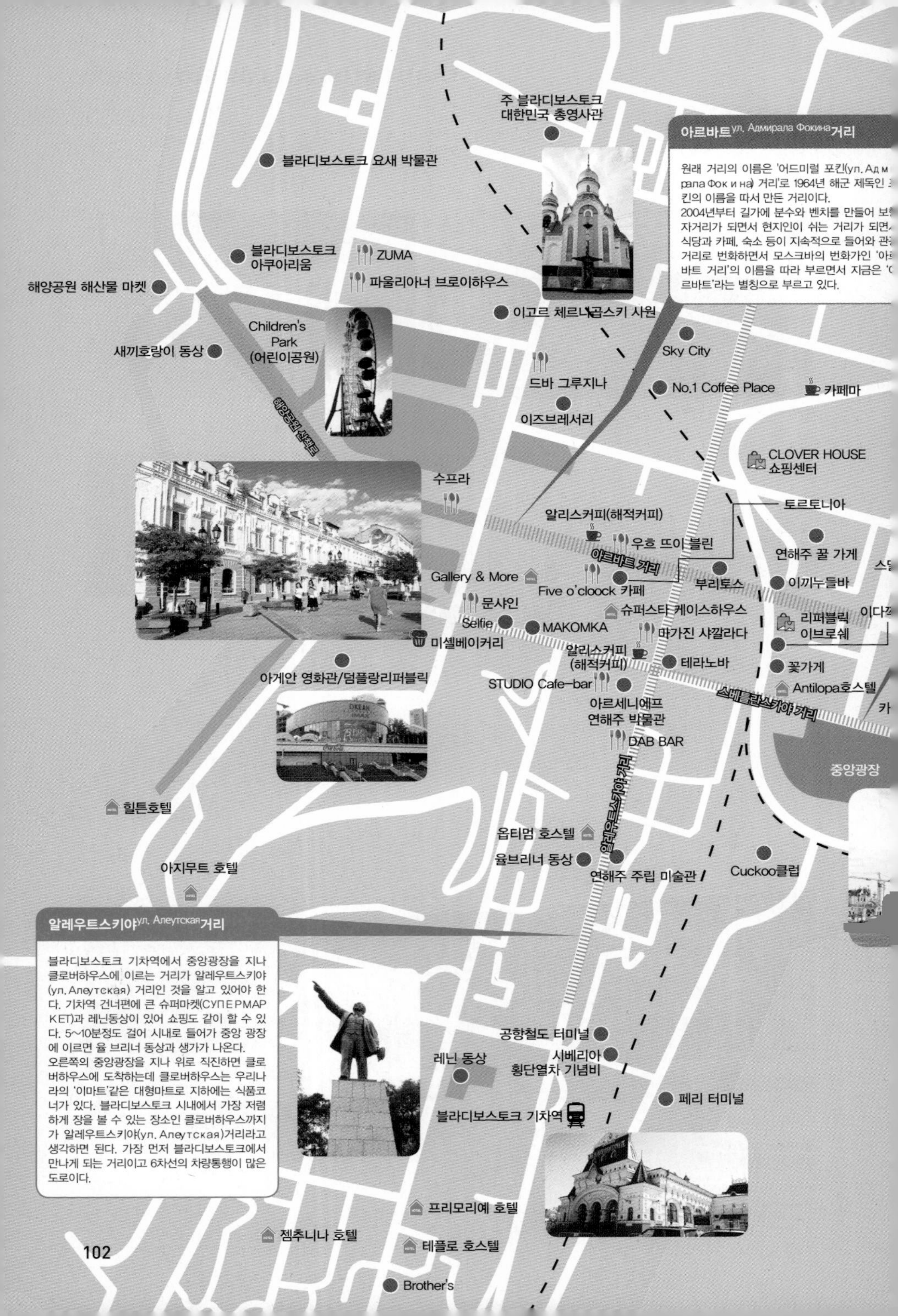

아르바트ул. Адмирала Фокина거리

원래 거리의 이름은 '어드미럴 포킨(ул. Адм рала Фок и на) 거리'로 1964년 해군 제독인 포킨의 이름을 따서 만든 거리이다.
2004년부터 길가에 분수와 벤치를 만들어 보행자거리가 되면서 현지인이 쉬는 거리가 되면서 식당과 카페, 숙소 등이 지속적으로 들어와 관광거리로 번화하면서 모스크바의 번화가인 '아르바트 거리'의 이름을 따라 부르면서 지금은 '아르바트'라는 별칭으로 부르고 있다.

알레우트스키야ул. Алеутская거리

블라디보스토크 기차역에서 중앙광장을 지나 클로버하우스에 이르는 거리가 알레우트스키야(ул. Алеутская) 거리인 것을 알고 있어야 한다. 기차역 건너편에 큰 슈퍼마켓(СУПЕРМАРКЕТ)과 레닌동상이 있어 쇼핑도 같이 할 수 있다. 5~10분정도 걸어 시내로 들어가 중앙 광장에 이르면 율 브리너 동상과 생가가 나온다.
오른쪽의 중앙광장을 지나 위로 직진하면 클로버하우스에 도착하는데 클로버하우스는 우리나라의 '이마트'같은 대형마트로 지하에는 식품코너가 있다. 블라디보스토크 시내에서 가장 저렴하게 장을 볼 수 있는 장소인 클로버하우스까지가 알레우트스키야(ул. Алеутская)거리라고 생각하면 된다. 가장 먼저 블라디보스토크에서 만나게 되는 거리이고 6차선의 차량통행이 많은 도로이다.

포크롭스키 성당

블라디보스토크는 큰 도시가 아니기 때문에 몇 개의 거리 이름을 알고 있으면 여행하는 데 편리하다. 알레우트스키야ул. Алеутская, 스베틀란스카야ул. Светланская 거리와 아르바트 거리라고 부르는 어드미럴 포킨ул. Адмирала Фокина 거리를 파악하면 도시를 여행하기가 쉽다. 블라디보스토크 시내에서 대부분의 여행자가 가는 곳은 이 3개의 거리를 끼고 위치해 있다.

스베틀란스카야ул. Светланская거리

중앙 광장이 있는 4.9㎞의 스베틀란스카야(ул. Светланская) 거리는 도시의 기초를 세울 때부터 만들어진 블라디보스토크의 상징이 되는 거리이다. 중앙 광장에서 건너편 오른쪽으로 이동하면 굼(гум)백화점이 있는데 굼(гум)백화점에는 츄다데이(Чудодей) 드러그 스토어와 영화관이 있어 항상 현지인과 관광객들도 붐빈다. 그 오른쪽 밑의 공원에 니콜라이 개선문과 C-56 잠수함 박물관이 있어 도시의 상징적인 관광지는 다 이곳에 연결되어 있다.

현대호텔
해금강
수크하노브 광장
커피 스플리트
S마트
팔라우피쉬
몰로코 이 묘드
미셸
독수리 전망대
푸니쿨라 승차역(상) 38번버스

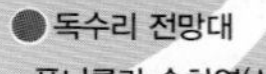

백화점/추다데이

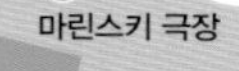

마린스키 극장
푸니쿨라 승차역(하)
푸쉬킨 극장
USSURI
(우수리 영화관 오른쪽 건물)

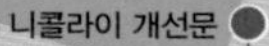

비소츠키 동상
세르게이라조르(해군제독)
니콜라이 개선문
성당
잠수함박물관

솔제니친

금각교

상세지도 안내

스베틀란스카야······ 128p
아르바트거리·········· 162p

핵심도보여행

관광지는 대부분 기차역과 중앙광장 근처, 아르바트 거리에 몰려 있다. 대부분의 관광지는 걸어서 여행이 가능하다. 시베리아 횡단열차의 출발역이 있는 블라디보스토크 기차역에 숙소를 정했다면 기차역부터 여행을 시작하면 된다. 중앙광장까지 10~15분 정도가 소요되기 때문에 어디서 여행을 출발해도 문제가 되지 않는다.

블라디보스토크 기차역 다리 아래로 내려오면 블라디보스토크 옛 기차가 9,288㎞라는 기념비와 같이 있다. 이 기차가 블라디보스토크 기차역의 마스코트 같은 역할을 한다. 기차역 앞에는 레닌 동상이 언덕에 있는데 러시아에서도 레닌의 동상을 찾기가 쉽지 않기 때문에 사진 한 장은 찍어둘 만하다.

스베틀란스카야 거리

중앙광장으로 도로를 따라 내려가면 언덕 위의 나무에 둘러싸인 노란색의 아담한 건물 앞에 세계적인 배우인 율 브리너의 동상이 세워져 있고 그 옆에 오래전에 본 영화 '왕과 나'의 남자주인공인 배우 율 브리너의 생가가 있다.

중앙광장은 각종 축제와 블라디보스토크의 심장과 같은 곳이다. 중앙광장을 지나가는 도로가 블라디보스토크의 가장 핵심적인 도로인 스베틀란스카야Светланская거리이다. 중앙광장의 왼쪽에는 성당과 기념비가 있는데 대조국 전쟁에 대한 내용을 그림으로 표현하고 있다.

평화공원 부조상

잠수함 박물관 내부

중앙광장에서 해변으로 내려가면 거대한 선박이 가득한 태평양함대사령부와 잠수함박물관, 그리고 꺼지지 않는 불꽃이 있는 영혼의 불을 만나게 된다. 러시아의 대표적 군항답게 대표 방문지로 손꼽히는 C-56 잠수함 박물관, 대조국 전쟁에서 희생된 무명용사들의 영혼을 기리기 위한 영원의 불, 러시아 마지막 황제의 방문을 기념해 만든 니콜라이 개선문, 성모승천 성당, 포세이돈 부조를 보면서 위로 올라간다.

성모승천 성당

공원 위로 올라가 도로를 건넌다. 왼쪽으로 돌아서 도로를 따라가면 왼쪽에 중앙광장이 보이고 오른쪽에 굼 백화점이 나온다. 굼 백화점은 블라디보스토크의 가장 오래된 백화점이자, 극장, 공연장이 주변에 밀집되어있는 곳으로 젊은 러시아인들은 물론이고 관광객

영화관 스낵코너

영화관 입구

들도 많이 모인다. 굼 백화점의 첫 번째 건물은 드러그 스토어인 츄다데이가 있고 다음 건물에는 영화관이 있다. 영화관 입구에 채플린 동상이 있다. 굼 백화점을 지나 직진하여 지하 도로로 나오면 연해주 향토 박물관(400루블)이 나온다.

블라디보스토크에서 가장 큰 박물관이기 때문에 꼭 방문하는 것이 좋다. 연해주 향토박물관이 있는 도로가 스베틀란스카야Светланская거리이다. 이 거리에 스튜디오, 셀피같은 카페가 있다. 아르바트거리에 레스토랑과 카페가 포화상태라서 스베틀란스카야Светланская거리에도 상당히 많은 음식점과 카페가 있는데 아르바트 거리가 관광객이 많다면 스베틀란스카야거리는 현지인들이 주로 찾고 있다. 오른쪽으로 돌아 위로 올라가면 아르바트 거리가 나온다.

아르바트 거리

아르바트 거리에서 바다쪽으로 내려가면 해양공원이 있고 오른쪽으로 해안을 따라 걸으면 아이들 공원Children's Park이 나오는데 테마파크 같은 역할을 하고 있다. 각종 놀이시설이 있어 주말에는 어린아이를 데리고 부부가 같이 즐기는 장면을 볼 수 있다. 바닷가 해안 오른쪽에는 해산물 시장이 있다.

블라디보스토크에서 킹크랩을 꼭 먹어봐야 하는 음식인데 해산물 시장에서 먹으면 주마ZUMA같은 레스토랑에서 먹는 것보다 저렴하다. 아파트에서 숙박하고 있으면 킹크랩만 구입해 숙소에서 쪄 먹으면 훨씬 저렴하다. 해산물 시장 옆에 아쿠아리움이 있고 아쿠아리움 위로 올라가면 고급 레스토랑인 주마ZUMA가 있다. 주마에서 저녁식사를 하려면 미리 예약하는 것이 좋은데 많은 관광객들이 주마를 찾기 때문에 예약을 해야 들어갈 수 있을 정도이다.

주마에서 아르바트 거리 쪽으로 걸어가면 이고르 체르니곱스키 사원이 있는데 정교회 사원으로 블라디보스토크에서 가장 큰 사원이다. 사원에서 아르바트 거리로 걸어가면 디나모 축구팀의 경기장이 나오고 그 건너편에 공원이 나온다. 이 공원에는 부산과 자매결연을 맺어 부산의 기둥을 볼 수 있다.

수산물 시장

이고르 체르니곱스키 사원

「짠내투어」 블라디보스토크

많은 TV 프로그램에서 블라디보스토크를 여행하고 있지만 자세하게 나오지는 않았다. 하지만 tv N 짠내투어는 여과 없이 블라디보스토크에 대해 많은 정보가 나왔다. 아직 많은 관광객이 가지 않은 짠내투어의 맛집과 코스를 보고 알아보면서 여행 계획을 준비해도 좋을 것 같아 소개한다.

1일차 | 나래투어

공항 → 미셸(Michelle) → 도나르 케밥 → 아르바트 거리 → 우이 뜨이 블린 → 독수리전망대(푸니쿨료르) → 굼백화점 골목길(굼 옛 마당) → 오그뇩(Ogonek) → 샤슬릭 코프 → 스마트 오피스

미셸Michelle

블라디보스토크의 아름다운 풍경을 한 눈에 볼 수 있는 파노라마 레스토랑으로 생크림을 사용하지 않고 치즈가루와 계란 노른자로 만든 정통 까르보나라가 인기메뉴이다. 고급 레스토랑이지만 점심 할인으로 내세우는 해피아워 20%할인이 12~16시에 하고 있다. 다만 음식은 우리 입맛에 맞지는 않다. 빵에 간을 해서 조금 짜고 '까르보나라'도 짠내투어 인원들도 별로라고 할 정도이다.

주소 | Partizanskiy Street 5A (8F)
요금 | 새우 파스타 621루블,
보르시 342루블, 가리비 볶음 378루블
시간 | 12~새벽 01시
전화 | +7(423) 230-81-26

여행 코스 평가
미셸 레스토랑에서 독수리 전망대가 가깝기 때문에 아르바트 거리로 가지 않고 독수리 전망대를 갔다가 아르바트 거리로 가는 것이 동선이 맞다.

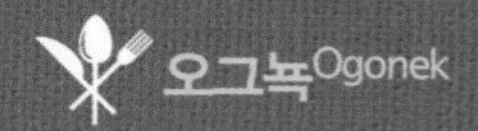

오그뇩Ogonek

러시아 전통음식을 맛볼 수 있는 보르시 맛집이다. 음악소리와 블링블링한 내부 인테리어가 돋보이는 레스토랑이다. 친환경 재료만 사용한다는 러시아의 대표적인 전통음식인 빨간 무와 고기, 양파 등을 넣고 끓인 붉은 스프이다. 러시아의 크렌베리, 구스베리로 만드는 러시아의 전통음료인 모르스(Морс)이 소개되었다.

주소 | Partizanskiy Avenue 44
요금 | 새우 파스타 621루블,
보르시 342루블, 가리비 볶음 378루블
전화 | +7(423) 230-20-45

샤슬릭 코프Шашлыкофф

러시아의 술인 보드카를 러시아식의 꼬치구이인 샤슬릭과 같이 먹을 수 있는 좋은 장소이다. 다만 가격은 조금 비싼 편이다. 샤슬릭이 1m의 길이로 나오는 눈이 즐거운 레스토랑이다.

주소 | Semenovskaya Ulitsa 1/10
요금 | 1m 샤슬릭 + 포테이포 세트 1,549루블,
체스판 보드카 738루블
전화 | +7(423) 230 2134

2일차 | 명수투어

로즈끼 플로스끼(Lozhki Ploshki) → 혁명광장 → 주말 시장 → 기념품 상점 → 택시타고 루스키 섬으로 이동 → 노빅 컨트리 클럽 레스토랑 → 아쿠아리움 → 블라제르 마트 → 반야 → 이즈바 호스텔

로즈끼 플로스끼 Ложки-плошки / Lozhki Ploshki

러시아식의 만두인 펠메니를 만드는 현지인이 추천하는 맛집이다. 치킨, 연어, 오징어, 치즈 허브를 넣은 펠메니를 주문했다. 러시아식의 치킨 누들 수프도주문하였으나 맛은 좋지 않았다.

러시아에서는 레스토랑에서 케첩이나 소스는 추가비용이 나온다는 사실도 알려주었다. 양고기나 버섯 등을 넣어 만든 쿤더미(210루블)가 인기 메뉴이다. 12~14시까지 100루블 대의 점심 할인이 있다.

홈페이지 | www.lozhkiploshki.ru
주소 | ул. Светланская, 7
시간 | 09~24시(월~금, 토요일 10시 Open, 일 10~22시)
전화 | +7(423) 260 5737

주말 시장

주말에 혁명광장 앞에는 주말 시장이 열려 새로운 블라디보스토크를 느낄 수 있다. 구소련으로 이주한 고려인들이 배추를 구하기 힘들어 김치를 만든 데서 유래해 지금은 많은 러시아인들이 먹는 당근 김치가 소개되었다.

노빅 컨트리 클럽Novic Country Club

루스키 섬의 유일한 종합관광시설 내의 레스토랑으로 바다가 인접해 레스토랑에서 멋진 바다를 조망할 수 있다. 해산물을 바탕으로 퓨전스타일의 채식위주의 메뉴로 인기이지만 음식보다 풍경으로 먹는 느낌이다.

주소 | Russky ostrov
시간 | 08~24시
전화 | +7(924) 121 4466

뜨리바가띄(Three Heroes)

러시아식 사우나를 반야라고 하는데 여행의 피로를 풀어주는 방법으로 반야를 선택했다. 러시아 반야를 할 수 있는 곳이 멀어서 시간이 소요된다는 점을 미리 확인하고 반나절 정도는 시간이 소요된다는 것을 미리 알아야 여행을 하는 데 제한이 없을 것이다.

이즈바 호스텔

아르바트 거리에서 가까워서 많이 선택하는 호스텔이다. 호스텔의 시설도 좋지만 가족여행객이 머물기에 좋지 않고 친구와 같이 여행한다면 추천한다.

3일차 | 준영투어

블라디보스토크 기차역 → 리퍼블릭(Republic) → 전쟁공원(솔제니친 동상) → 잠수함 박물관 → 니콜라이 개선문 → 해적커피 → 굼 백화점 옥상 전망대 → 숀켈 버거 → 해양공원 → 어린이 공원(관람차, 수중 범퍼카) → 시푸드 레스토랑(파티 아케안) → 파이브 오클락 → 아파트 → 킹그랩 배달 서비스 → 커스텀 칵테일 바

리퍼블릭Republic

카페테리아 뷔페로 자신이 원하는 음식을 가격을 보고 결정하여 샐러드부터 음료, 디저트, 메인 음식으로 주문하면 된다. 리퍼블릭은 수제 소시지가 맥주를 같이 마시면서 저녁을 먹는 현지인도 많다.

블라디보스토크 점 | Океанский проспект, 17(층) / 09~23시(월~목), 09~24시(금), 10~24시(토), 11~22시(일)
+7(423) 260-7122

아르바트 점 | ул. Адмирала фокина, 20 / +7(423) 431-1695

스베틀란스카야 점 | ул. Светланская, 83 / +7(423) 431-1523

파티 아케안Пятый океан

그동안 방송에 지속적으로 소개된 바다 옆에 위치한 분위기 좋은 레스토랑이다. 등대 모양의 건물이 인상적이다. 날씨가 좋을 때는 야외 테이블에서 킹크랩(1kg, 2,200루블)을 먹는 장면은 잊을 수 없다. 추운 겨울에는 벽난로가 실내를 분위기 좋게 만들어 준다. 게살 샐러드는 짠 맛이 나서 한국인의 입에는 맞지 않는다.

홈페이지 | www.5oceanvl.ru
주소 | ул. Светланская, 83
시간 | 12~24시(4/1~9/30), 그 이외에는 23시까지
전화 | +7(423)243-3425

VLADIVOSTOK Tip 스탈린 시대 만들어진 아파트

1940년대에 만들어진 아파트로 입구에도 시설이 안 좋은 것으로 판단할 수 있지만 실내 인테리어를 새로 하여 관광객을 받고 있다. 버스 정류장 바로 앞에 있어 공항에서 버스를 타고 내려서 이동하기가 편리하고 야간에도 쉽게 찾아올 수 있는 아파트이다.

알레우트스카야 거리
ул. Алеутская

블라디보스토크 기차역에서 중앙광장을 지나 클로버하우스에 이르는 알레우트스카야ул. Алеутская 거리를 알고 있어야 한다. 기차역 건너편에 큰 슈퍼마켓СУПЕРМАРКЕТ과 레닌동상이 있어 쇼핑도 같이 할 수 있다. 5~10분 정도 걸어 시내로 들어가 중앙 광장에 이르면 율 브리너 동상과 생가가 나온다. 오른쪽의 중앙광장을 지나 위로 직진하면 클로버하우스에 도착하는데 클로버하우스는 우리나라의 이마트같은 대형마트로 지하에는 식품코너가 있다.

블라디보스토크 시내에서 가장 저렴하게 장을 볼 수 있는 장소인 클로버하우스까지가 알레우트스카야ул. Алеутская 거리라고 생각하면 된다. 가장 먼저 블라디보스토크에서 만나게 되는 거리이고 6차선의 차량통행이 많은 도로이다.

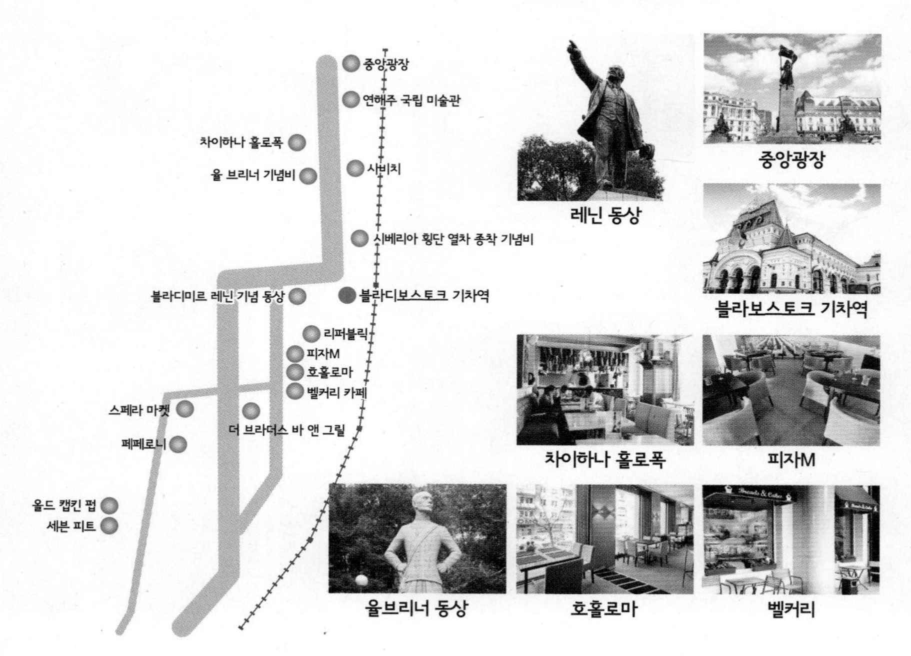

레닌 동상

중앙광장

블라보스토크 기차역

차이하나 홀로폭

피자M

율브리너 동상

호홀로마

벨커리

블라디보스토크 기차역
Вокзал Владивосток

블라디보스토크의 대표적 건축물이다. 옅은 녹색의 기품 있는 러시아 건축양식이 돋보이는 건축물로 러시아 제정시대의 영화가 담겨 있다. 모스크바로 출발하는 시베리아 횡단열차의 출발점이자 종착점이기도 하다. 시베리아 횡단열차를 타고 광활한 러시아를 항상 달리고 싶은 기대감이 있다. 매년 시베리아횡단열차에 1억 5천만여명이 탄다고 한다. 과거 전쟁 물자를 싣고 달렸던 기차는 지금은 설램 가득한 여행자를 싣고 달리고 있다.

1912년 완공된 건물인 블라디보스토크 역은 시베리아 철도의 동쪽 시점으로, 여기부터 모스크바까지 9,288㎞의 여행이 시작된다. 따라서 블라디보스토크 역은 동토에 살고 있는 러시아 주민은 물론, 시베리아 횡단열차를 통해 러시아를 찾고자 하는 동북아시아 여행객들의 로망이자 긴 시간을 짊어진 삶이 있다. 시베리아를 향해 열차는 오늘도 달린다.

왼쪽에 공항철도역 입구가 별도로 있음

시베리아 횡단열차의 시작과 끝, 블라디보스토크 역에서 열차를 탑승하면 수도인 모스크바까지 7일이 걸린다. 역사 내 시계는 모스크바 시간에 따라 설정되어 있어, 어딘가 낭만적인 분위기를 띤다. 꼭 열차를 탑승하지 않는다고 하더라도 기차역 내부를 견학해 볼 필요가 있다. 기차역 역사 내에 들어갈 때는 테러 때문에 수하물 검사를 받아야 한다.

블라디보스토크 기차역사로 들어가지 말고 크루즈를 타는 역사로 들어가는 다리 중간에서 승강장으로 내려가면 시베리아 횡단열차의 시작점이자 시베리아 횡단열차를 타고 모스크바에서 오는 여행객들의 마지막 종착역으로 유명한 과거 소련

기차역 앞 정거장 풍경

시베리아 횡단열차

시절에 제2차 세계대전에 쓰인 증기기관차와 블라디보스토크부터 모스크바까지 거리인 9,288㎞의 숫자가 적힌 기념비도 세워져 있다. 플랫폼이 항상 열려있어 이곳에서 기념사진을 찍기 위해 많은 관광객들이 모이는 장소이다. 초창기에 달렸던 증기기관차가 아직도 위풍당당하게 서 있어 관광객의 사진 찍는 명소가 되었다.

홈페이지_ www. vladivostok.dzvr.ru
주소_ ул. Алеутская, 2
전화_ +7 (800) 775-00-00

현재 블라디보스토크 기차역 모습

시베리아 횡단열차 기념비

기차역 대합실

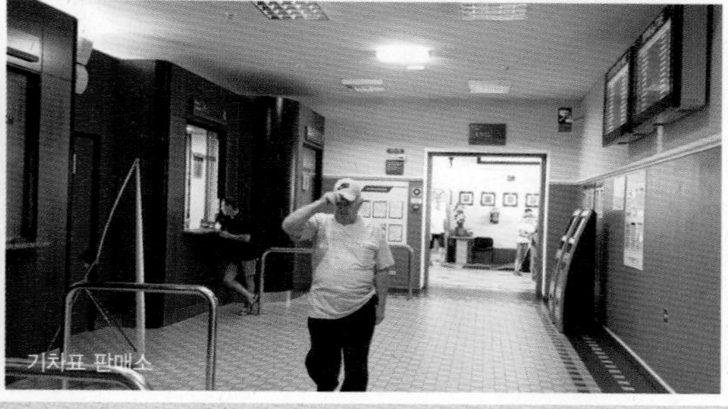
기차표 판매소

옛 블라디보스토크 기차역 모습

블라디보스토크 기차역 주변 EATING

차이하나 홀로폭
Хлопок Чайхона

조지아의 힝깔리, 하차푸리 등과 우즈베키스탄 전통요리가 주메뉴인 레스토랑이다. 우즈베키스탄 전통요리 중에서 역시 우리 입맛에 가까운 것은 아마 오쉬일 것이다. 그 오쉬가 맛있게 나온다.
오쉬(380루블)와 샤슬릭(380루블~)을 대부분 주문한다. 주말에 상당히 인기가 높은 편이라 되도록 평일에 찾는 것이 혼잡하지 않고 한국어 메뉴판이 있어 어렵지 않게 주문할 수 있다.

홈페이지_ www.cafehlopok.ru
주소_ ул. Алеутская, 17a
시간_ 12~24시(금, 토 12~다음날 03시)
전화_ +7 (423) 241 6969

피자 M
Pizza M

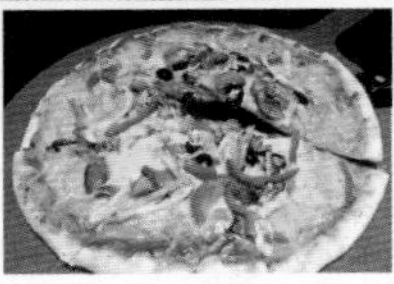

프리모리에 호텔 1층에 있는 디저트 베이커리카페이다. 24시간 운영하는 피자집으로 영어로 의사소통이 되고 피자이기 때문에 무난한 식사를 할 수 있는 장점이 있다. 베이커리 카페와 혼동이 되기도 하지만 점심이나 저녁식사를 하고 한 곳에서 커피와 디저트를 맛볼 수 있다.

주소_ ул. Посьетская, 20
시간_ 24시간
요금_ 피자180루블~
전화_ +7 (423) 243 3430

호흘로마
хохлома

프리모리에 호텔 1층에 있는 레스토랑이다. 놀이방과 빔프로젝트가 있는 미팅룸까지 있어 주말 가족손님이 많다. 호텔 손님을 위한 커피, 차 등에 케이크 등의 디저트도 준비되어 있다.
주메뉴는 이탈리아 전통요리와 스테이크이다. 12~16시까지 Happy Hour인데, 비즈니스 런치세트가 코스별로 맛볼 수 있고 가성비가 높아 추천한다.

주소_ ул. Посьетская, 20
시간_ 10~24시
(금요일 다음날 02시까지, 주말 11시~24시)
요금_ 커피 100루블~, 오믈렛 300루블,
샐러드 380루블~
전화_ +7 (423) 272 7151

벨케리
Бэккери

프리모리에 호텔 1층에 있는 디저트 베이커리카페이다. 아침에 1층에 내려오면 빵 냄새가 구수하게 나게 되어 한번쯤은 찾게 되는 카페이다.
아침식사를 하고 들러 커피만 마실 수도 있지만 많은 빵 종류에 놀라게 만들고, 우리가 먹는 빵과 상당히 유사해 익숙한 맛이 나와 자꾸 손이 가게 만든다.

주소_ ул. Посьетская, 20
시간_ 08~20시(주말 10시~20시)
요금_ 빵 20루블~
전화_ +7 (423) 243 3411

레닌 동상
Lenin

구 소련시절에 러시아 전역에 있던 레닌 동상은 지금 거의 없어진 상태이다. 블라디보스토크 기차역 건너편 슈퍼마켓 오른쪽 언덕에 레닌이 오른손을 하늘 높이 들고 있는 동상이 보인다.

율 브리너 생가 & 기념상
Памятник & Дом Юлу Бриннеру

배우 율 브리너가 태어났던 집 앞에는 그의 석상이 서 있다. 블라디보스토크 국제 영화제에 오는 사람들은 한 번씩 찾는 명

소이다. 율 브리너가 어린 시절에 살았던 생가로 공산혁명으로 부유했던 가문이 몰락하고 중국을 거쳐 미국으로 건너가 세기의 배우가 된 그이지만 정작 러시아에서는 그다지 인정받지 못했던 율 브리너의 생가가 이제는 관광지가 되었다. 실제로 율 브리너는 연해주와 북한에서 젊은 시절을 보냈기에 한반도 문제에 상당히 관심이 많았다고 전해진다.

연해주 국립 미술관
Приморская государственная картинная галерея

율 브리너 동상 건너편에 보면 보이는 건물이 블라디보스토크에 있는 유일한 미술관으로 1930년대의 러시아에서 수집된 1,140여점의 작품을 모아 1966년에 개관하였다. 고대의 러시아 예술작품부터 시대별로 분류되어 있다. 19세기의 유명한 레핀, 아이바좁스키의 작품을 볼 수 있는

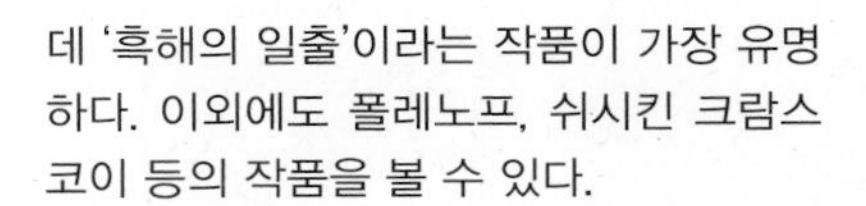

데 '흑해의 일출'이라는 작품이 가장 유명하다. 이외에도 폴레노프, 쉬시킨 크람스코이 등의 작품을 볼 수 있다.

홈페이지_ www.primgallery.com
주소_ ул. Алеутская, 12
운영시간_ 11~19시(월요일 휴관)
요금_ 입장료 성인 300루블,
학생 200루블(전시회 통합 450루블,
학생 300루블)
전화_ +7 (423) 241-06-10

VLADIVOSTOK Tip

이반 아이바좁스키 (Aivasovsky / 1817~1900)

아르메니아계 화가인 이반 아이바좁스키는 크림반도에서 주로 활동한 화가이다. 풍경을 주로 그리는 화가인데 그 중에서도 바다풍경을 주로 그렸고 흑해의 일출을 비롯해 바다 그림은 특히 유명하다.

피자리아 바
Pizzaria Bar

댑[Drinks and Burger] 옆에 있는 피자와 카페를 접목한 피자카페이다. 댑 버거의 인기에 비하면 사람이 적지만 피자 맛은 맛있는 편이다. 피자 외에 파스타 젤라또 등을 주문할 수 있다.
깔끔한 내부 인테리어로 조용하게 식사를 할 수 있고 밤에도 이야기를 나눌 수 있어 진솔한 대화를 원한다면 추천한다. 블라디보스토크에는 꽤 많은 수의 피자집이 있어 그곳에서 차별화를 내는 것은 쉬운 일은 아니라는 주인의 이야기를 듣고 블라디보스토크에서도 카페와 레스토랑의 경영은 쉽지 않다는 것을 알게 되었다.

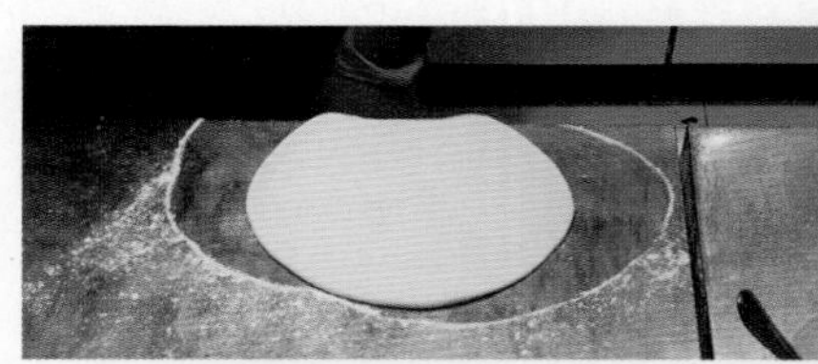

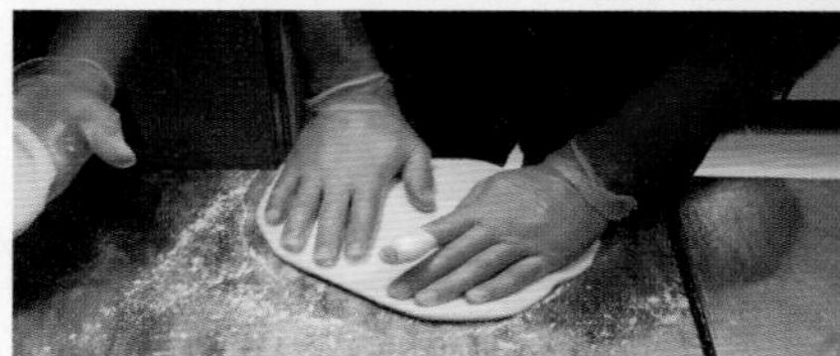

주소_ ул. Алеутская, 19
영업시간_ 월~목 12~24시, 금~일 09~02시
전화_ +7 (423) 262-01-70

댑바
DAB Bar

연해주 향토박물관 옆에 위치한 댑버거는 블라디보스토크 젊은이들이 가장 좋아하는 장소이다.
내부는 서부 아메리칸 스타일로 장식되어 자유스럽고 2층은 특히 벽면에 장식된 사진들과 악세사리는 마치 미국을 표방하는 듯해 러시아의 블라디보스토크와는 이질적이기까지하다. 물어보니 지금 러시아의 젊은이들에게 웨스턴 아메리칸 스타일이 인기라고 이야기해주었다.
이곳은 특히 밤 12시까지 운영을 하기 때문에 밤에 먹고 싶을 때 찾으면 좋을 장소로 매콤한 맛의 버거스 브라더스, 핫 오바마 버거와 그랜드 케니언버거가 인기메뉴이다. 아침메뉴는 관광객을 위한 메뉴로 만들었다고 하는데 대한민국 관광객이 많이 온다고 한국어 메뉴판도 만들었다고 알려 주었다.

델마르
Del Mar

블라디보스토크 시내 중심에서 떨어져 있지만 전망 좋은 금각교와 바다를 보면서 분위기 있는 식사를 하고 싶은 시민들에게 오랜 시간을 사랑받아온 데이트 명소로 유명한 레스토랑이다.
주말 저녁에는 항상 레스토랑이 사람들로 북적여 예약을 권하며 저녁에 금각교의 아름다운 풍경과 라이브공연이 오랜 시간 사랑받은 이유이다. 해산물요리(810루블)와 디저트(600루블)는 재료가 좋아 만족도가 높다.

홈페이지_ www.delmar-vl.ru
주소_ ул. Всеволода Сибирцева, 42
영업시간_ 오전 11~새벽 2시
전화_ +7 (423) 272-72-35

브라더스 바 앤 그릴
Brothers Bar & Grill

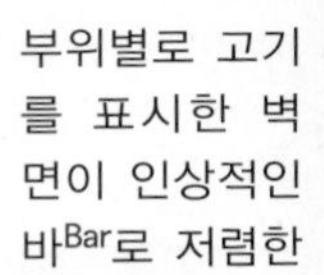

부위별로 고기를 표시한 벽면이 인상적인 바Bar로 저렴한 가격의 스테이크를 먹고 싶은 시민들과 관광객이 찾는다. 개인적으로 스테이크(690루블)와 같이 나오는 감자가 더 맛있다. 젊은이들에게 가격이 합리적이고 맛도 좋은 고기요리가 인상적이라고 한다.

주소_ ул. Бестужева, 32
영업시간_ 일~목 오전 10~24시
금~토 11~새벽 2시
전화_ +7 (423) 257-70-70

한인 레스토랑 & 치킨

코리아하우스
Korea House

1995년부터 오랜 시간 블라디보스토크를 지켜온 한인 레스토랑으로 유명한 한국 음식점이다. 고급스러운 분위기로 비즈니스 고객을 대상으로 영업하고 있으며 런치 세트 메뉴로 밥, 국, 반찬이 나오는 메뉴가 외국인들의 사랑을 받고 있다.

홈페이지_ www.koreahouse.ru
주소_ ул. Светланская, 76
영업시간_ 12~24시
전화_ +7 (423) 226-94-64

평양관
Пхеньян

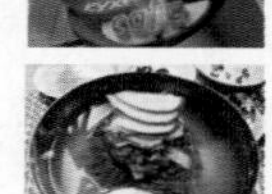

북한에서 운영하는 평양관 식당은 2010년 초반만 해도 패키지여행에서 많이 방문하였지만 최근에 북한과의 단절로 평양관을 방문하는 사람들도 줄었다. 평양관은 물냉면이 가장 인기메뉴이다.

홈페이지_ www.cafe-pyongyang.ru
주소_ ул. Верхнепортовая, 68а
영업시간_ 12~24시
전화_ +7 (423) 296-44-58

신라
Shilla

신라호텔에서 운영하는 식당같은 고급스러운 내부 분위기로 비즈니스 고객들에게 최근에 부각되고 있는 식당이다. 뚝배기 불고기(660루블)와 돌솥 비빔밥 세트(630루블)가 외국 비즈니스 손님이 가장 만족하는 음식이라고 한다.

홈페이지_ www.shilla.su
주소_ Партизанский проспект, 12а
영업시간_ 12~23시
전화_ +7 (423) 242-22-20

부산치킨
Busan Chicken

밤에 치맥이 블라디보스토크에서 끌린다면 아르바트 거리에 있는 부산치킨을 추천한다. 대한민국의 다양한 치킨보다는 떨어지지만 아르바트 거리에 있어 접근성이 좋아 해외에서 치맥을 먹는 분위기를 그리워하는 여행자를 찾아오게 한다.

주소_ ул. Адмирала Фокина, 11

내 입맛에 맞는 식사하기

여행에서 현지의 음식문화를 경험하는 것이 좋은 여행이 될 수 있는 요소이기도 하다. 되도록 현지의 음식을 경험하도록 하자. 하지만 나는 한식을 꼭 먹어야 해? 라든지, 현지의 블라디보스토크 음식이 입맛에 맞지 않는다면 여행의 재미가 떨어지게 되는 것도 사실이다. 특히 패키지여행은 효도관광이나 50대 이상이 주로 찾기 때문에 음식도 맞지 않는다고 이야기하는 경우가 많다. 이럴 때 아르바트 거리에 있는 치킨집이나 한식집을 이용하는 경우가 일반적이지만 버거킹과 같은 패스트푸드나 슈퍼마켓을 이용해 먹고 싶은 음식을 만들어 먹는 것도 한가지 방법이다.

패스트푸드

가장 손쉽게 한 끼 식사를 할 수 있는 방법으로 버거킹 등의 패스트푸드를 이용하는 것이다. 아르바트 거리 입구에서 위로 50m정도만 올라가면 버거킹이, 중앙광장으로 내려가면 해스버거Hesburger가 있다. 세트메뉴의 가격은 우리 돈으로 약 3~6천 원 정도로 저렴하지는 않다. 밤 22시 이후 1+1을 주는 시간을 활용해도 된다.

주문은 세트를 보고 손으로 숫자를 표시하면서 알려주면 영어가 통하지 않아도 쉽게 주문할 수 있다.(즈제씨Здесь라고 하면 히얼Here라는 매장에서 먹겠다는 뜻이고 스시보이С собои은 To go라는 Takeout의 개념으로 가지고 가겠다는 뜻이다.)

◀헤스버거

▲버거킹

슈퍼마켓

블라디보스토크 기차역 건너편과 클로버하우스Clover House에 가면 식재료가 넘쳐난다. 물가도 저렴한 곳이라 매우 저렴한 비용으로 한 끼를 해결할 수 있는 식재료로 만들어 먹는 방법이 있다. 아침은 주지 않는 숙소에서 묵는다면 숙소가 대부분 기차역과 중앙광장 근처에 있기 때문에 장을 봐서 직접 만들어 먹는 것도 좋은 방법이다.

스베틀란스카야 거리
ул. Светланская

중앙 광장이 있는 4.9㎞의 스베틀란스카야ул. Светланская 거리는 도시의 기초를 세울 때부터 만들어진 블라디보스토크의 상징이 되는 거리이다. 중앙 광장에서 건너편 오른쪽으로 이동하면 굼ГУМ백화점이 있는데 굼ГУМ백화점에는 츄다데이Чудодей 드러그 스토어와 영화관이 있어 항상 현지인과 관광객들로 붐빈다.
그 오른쪽 밑의 공원에 니콜라이 개선문과 C-56 잠수함 박물관이 있어 도시의 상징적인 관광지는 다 이곳에 연결되어 있다.

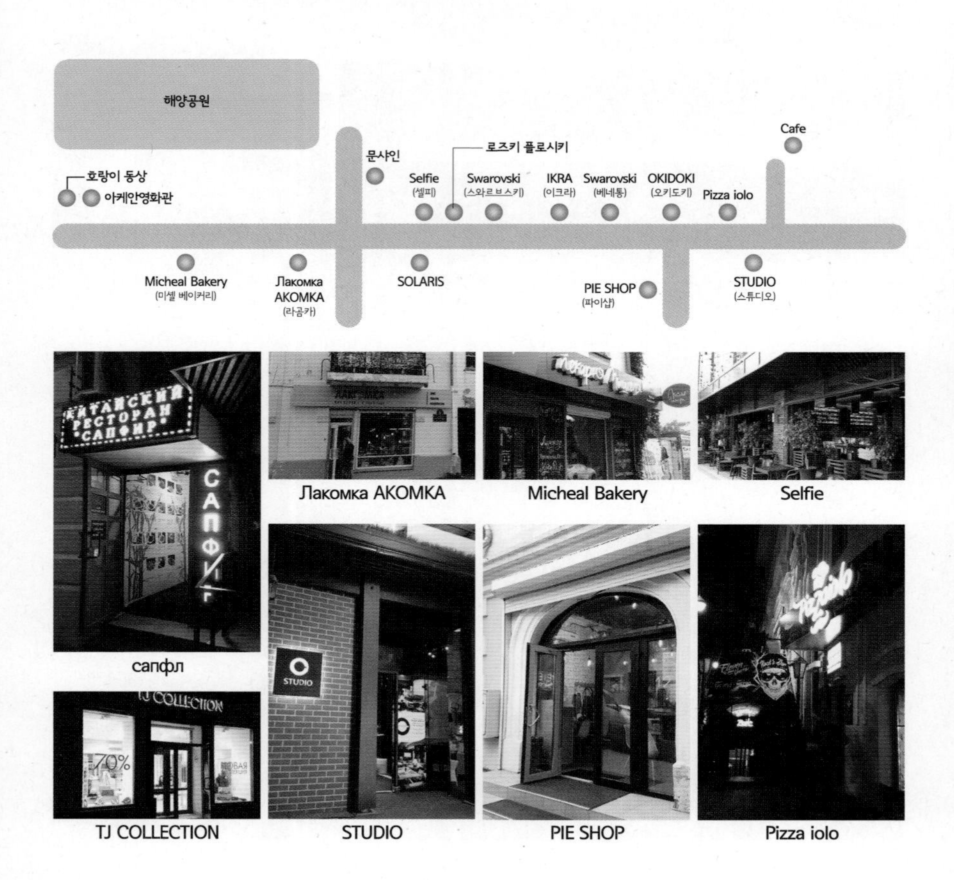

Лакомка AKOMKA
Micheal Bakery
Selfie
сапфл
TJ COLLECTION
STUDIO
PIE SHOP
Pizza iolo

아르세니예프 연해주 향토 박물관

Приморский музей им. В. К. Арсеньева

시베리아 소수민족의 일상을 볼 수 있는 향토박물관으로 붉은 벽돌로 지어져 있는 향토박물관은 중앙 광장Vladivostok Central Square 건너편에 있다. 이 박물관의 영문이름은 'The Arsenyev Primorsky Krai Museum'로 유명한 탐험가였던 아르세니예프Arsenyev를 기리며 지어졌다.

1890년 자연, 민족지학, 고고학, 역사박물관을 동시에 모아 놓은 박물관이 문을 열었다. 20만 가지 이상의 전시물이 있으며 블라디보스토크가 있는 연해주Primorye지방의 동물, 식물 표본관과 이 지방의 고대에서 현대까지의 역사가 담겨있다. 특징적인 것은 발해 관련 유물들이 있다는 것으로 아이와 함께 블라디보스토크에 왔다면 역사교육을 위해서도 찾을 박물관이다.

향토 박물관에 걸맞게 이 지역에 거주했던 소수민족에 대한 유물과 역사도 많이 전시하고 있는데, 시베리아 소수 민족의 의상과 일상의복, 시베리아 철도 건설 당시의 많은 자료도 전시되고 있다. 이곳에는 2차 세계대전의 로켓과 화폐 컬렉션, 선물가게도 있다.

홈페이지_ www.arseniev.org
주소_ ул. Светланская 20
운영시간_ 9시 30분~18시
(동절기 10시30분~17시30분)
월요일 휴관
요금_ 성인 400루블 / 어린이와 학생 100루블
전화_ +7 (423) 241-11-73

굼 백화점(쿤스트 이 알베르스)

гум универса́льный магазийн

국영 백화점인 굼 백화점 건물로 사용되고 있는 쿤스트 이 알베르스Кунст и Альберс라는 건물은 1907년에 준공되었으며 향후 에르미타주 박물관 블라디보스토크 분관으로 리모델링 될 예정이다. 이렇게 오래된 유럽풍 건물들은 건축 규제가 엄격해 1년에 1번씩 페인트를 새로 칠해야 한다.

백화점이라는 이름에 걸맞지 않게 매장 내부 모습이나 판매하는 물품들은 백화점 물건 같지 않다.

백화점이라는 이름에 걸맞는 쇼핑센터는 굼 보다는 말르이 굼Малый ГУМ(일명 '미니 굼')이나 마네라 센터Manera가 훨씬 더 적절하다. 말르이 굼은 에스컬레이터를 중심으로 원형으로 상점들이 배치되어 있고, 오락실과 푸드 코트도 갖춰져 있다.

엘리노어 프레이 동상

Памятник Элеоноре Прей

2014년 굼 백화점 옆에 세워진 동상으로 러시아의 붉은 혁명시기에 살았던 미국여성의 동상이다.

1894~1930년까지 살았던 엘리노어 프레이는 러일 전쟁, 1차 세계대전, 붉은 혁명의 혼란한 러시아에서 상세한 기록을 2천 여 통이 넘는 편지와 글, 사진으로 남겨 놓았다. 그녀는 블라디보스토크의 삶이 인생에서 가장 좋았던 시기라고 벽에 기록해 놓았다고 한다.

2008년 후손들에 의해 그녀의 기록이 러시아에 소개되면서 큰 이슈가 되었고 2014년에 동상까지 세우게 되었다.

주소_ ул. Светланская, 35
영업시간_10~22시
전화_ +7 (423) 222-20-54

굼 백화점

굼 백화점 뒷 골목길

굼 건물은 19세기 독일인의 작품으로 유럽의 분위기를 내는 멋진 골목길이다. 이 골목길은 창고로 사용되다가 새로 정비해 최근 블라디보스토크 젊은이들의 사랑을 받고 있는 뜨는 골목이다. 특히 피자와 핫도그 가게가 먹거리로 인기가 있는데, 핫도그는 간단히 요기하면서 골목길을 돌아다니기 좋다. 특히 포토존으로 유럽의 색다른 분위기 있는 사진을 가지고 싶다면 추천한다.

주소_ Ул. Светланская, 33~35

굼 백화점 왼쪽도로 EATING

레스타라시아 셰빌레바
Ресторація Шевелева

굼 백화점에서 약 200m정도 떨어진 건물에 2017년 대대적인 리모델링을 거쳐 탄생한 분위기 좋은 레스토랑으로 굉장히 고급이다. 역사적인 건축물의 분위기처럼 러시아와 유럽의 고급요리를 셰프가 선보인다.

테라스에서 스베틀란스카야Светланская 거리를 볼 수 있고 천장에는 하일 셰빌레프Mikhail Shevelev와 그의 가족 초상화(러시아 최초의 해운회사인 셰빌레프)가 그려져 있다. 버터를 바른 블린에 케비어를 올린 노블 블린 위드 레드 케비어Novel Blinis with Red Caviar가 유명하다. 송아지 구이 그릴드 빌Grilled Veal과 스테이크 프리모스키 핼리벗Primorsky Halibut이 주 메뉴이다.

홈페이지_ www.shevelevrest.ru
주소_ ул. Светланская, 44 2층
영업시간_ 12~24시
요금_ 노블 블린 위드 레드 케비어(330루블),
그릴드 빌(950루블),
프리모스키 핼리벗(990루블)
전화_ +7 (423) 279 5577

캐피탈
Capital

기름기 많은 달짝지근한 음식으로 우즈베키스탄 요리를 표방하는 레스토랑이지만 러시아 요리도 메뉴에 있다. 가격이 저렴하기 때문에 많은 시민들이 찾는 곳이다. 우즈벡 만두 만티Манты와 고기를 넣고 볶은 우즈벡 볶음밥인 오쉬Плов가 인기 메뉴이다.

주소_ ул. Светланская, 53
영업시간_ 24시간 운영
요금_ 오쉬(150루블), 만티(30루블)
전화_ +7 (964) 444 7794

오세티아
Осетинская Кухня

오픈한지 얼마 안 되는 조지아 전문식당으로 기름기 많은 달짝지근한 음식이 많다. 다만 느끼하고 향신료의 맛이 조금 나지만 맛있다. 아직은 많은 사람들이 찾아오지는 않지만 가격이 저렴하고 맛있는 메뉴가 있어 기대를 모으는 식당이다.

주소_ ул. Светланская, 29 5층
영업시간_ 10~20시
전화_ +7 (908) 440 9898

컨츄리 피자
Country Pizza

우수리스크에서 시작한 피자 프랜차이즈로 블라디보스토크에는 2017년에 지점을 열었다. 블라디보스토크에도 유럽의 음식이 밀려들어오고 있는데 가장 많이 들어오는 음식이 피자이다. 수십 개의 피자와 파스타를 이탈리아 본토 맛으로 요리한다고 광고한다.
24~40㎝의 피자크기 중에서 선택을 하고 먹고 싶은 피자를 선택하면 된다.

홈페이지_ www.pizza-country.ru
주소_ ул. Лазо 6В
영업시간_ 11~23시
요금_ 노블 블린 위드 레드 케비어(330루블),
그릴드 빌(950루블),
프리모스키 핼리벗(990루블)
전화_ +7 (423) 220 6000

디저트 먹으러 블라디보스토크 가자!

요즈음 대한민국에도 디저트 열풍이 불고 있다. 디저트 가격도 상당히 비싸서 식사비용보다 더 들게 되는 경우도 많아지고 있을 만큼 디저트는 새로운 유행을 창조하고 있다. 디저트가 먼저 발달한 프랑스에서 다양한 디저트가 발달하면서 유럽에 퍼져나갔다. 디저트의 고전인 마카롱이나 에끌레어를 비롯해 티라미수와 스페인의 추로스까지 다양하다.

러시아의 블라디보스토크에도 디저트 맛집이 여행자의 마음을 빼앗고 있다. 러시아의 디저트 맛집들은 마카롱이 디저트에 포함이 안된 곳이 많다는 것도 특징이다. 디저트를 알아보면서 블라디보스토크의 디저트 맛집까지 알아보자.

디저트 종류

에끌레어(Eclair)

'번개'라는 뜻의 프랑스어로 길게 구운 슈에 크림을 채우고 위에 초콜릿을 입힌 프랑스의 디저트이다. 길다란 슈는 바삭하고 안에 들어있는 크림이 부드러운 것이 특징이다. 달달한 디저트이기 때문에 쓴 맛이 있는 커피와 먹으면 '단짠'이 입 안에서 휘감기면서 빠져들게 된다. 다만 커피 맛이 너무 강하면 에끌레어의 단맛이 떨어지기 때문에 에끌레어 맛집은 커피맛이 없다고 생각될 수도 있다.

티라미수(Tiramisu)

티라미수는 가장 아래는 바삭한 부분과 커피로 촉촉하게 적셔져 있고 그 위에 촉촉하고 부드러운 마스카포네 크림치즈와 다시 위에 커피가 들어있는 부드러운 시트와 부드러운 마스카포네 크림치즈가 올라가 있다. 그 위에 코코아 가루를 뿌리는 데 쓴맛을 느끼게 된다. 티라미수는 처음에 먹을 때는 너무 단맛이 강해 거부감이 생길 수도 있다. 하지만 유럽의 대부분의 티라미수는 더 강한 맛을 가진 티라미수를 더 선호한다.

초콜릿 무스(Chocolate Mosse)

다크 초콜릿과 달걀의 흰자로 맛을 내는 데 거품을 내서 사용하는 달걀흰자는 가벼운 식감을 입안에 감돌게 한다. 오늘날의 초콜릿 무스는 다양한 변형이 시도되어 밀크나 화이트 초콜릿으로도 대체되고 설탕을 넣어서 진한 다크 초콜릿의 쓴맛에 묵직하고 무거운 식감을 더하는 것이 초콜릿무스 맛을 내는 핵심이다. 크림을 넣어 가볍고 부드러운 식감을 더하고 달걀의 노른자나 버터를 추가해 진한 맛을 더하기도 한다.

치즈 타르트(Cheese Tart)

타르트 속 크림치즈가 푸딩같이 촉촉하고 부드러워 입에서 어떤 맛을 내는 지가 치즈 타르트 맛을 결정한다. 치즈타르트도 역시 커피와 같이 먹으면 조합이 좋은데 달달한 치즈 타르트가 '단쓴'맛을 결정하는 듯하다.

마카롱(Macalong)

세계적으로 가장 유명한 디저트일 것이다. 만들기도 어렵고 맛을 내는 것도 웬만한 실력이 없으면 쉽게 만들 수 없다. 달걀흰자를 이용해 만든 머랭Murang으로 만드는 데 작고 동그랗게 겉은 바삭하고 안은 쫀득한 맛을 어떻게 내는 지가 관건이다.

마카롱의 바삭한 위와 아래 사이에 넣는 마카롱 코크는 크림을 넣어서 만드는데 쫀득하고 달달한 크림이 어떻게 머랭Murang과 조화를 이루는 지가 마카롱의 맛을 결정한다.

블라디보스토크의 숨겨진 동상들

세르게이 라조 동상(Памятник герою гражданской войны Сергею Лазо)

1917년 10월, 레닌이 중심이 되어 러시아의 혁명이 일어난 이후에 사회당은 두 개의 파로 분열되었다. 상트페테르부르크를 장악한 볼셰비키와 지방의 왕정파와 내전이 시작되었다. 레닌이 이끄는 볼셰비키를 지지한 혁명군 지도자인 세르게이 라조의 기념 동상이 비소츠키 동상 밑에 있다.

세르게이 라조는 반 볼셰비키를 연합하여 일본군에 맞서 싸운 혁명군 지도자로 유명한 인물이다. 1920년 일본군과 볼셰비키가 전투를 벌인 니콜라스 사건 이후 일본군이 습격을 하면서 체포되어 화형으로 26세의 젊은 나이에 생을 마감했다.

선원 동상(Vasili Vasilievich Kuznetsov)

2차 세계대전에서 상선의 배들도 전쟁에서 물자 수송의 역할을 담당하였다. 금각교 밑에는 선원들을 기리는 동상이 있다.

러일전쟁 추모비

1904~1905년에 벌어진 러일 전쟁에서 전사한 이들의 용기를 이어가자는 의미의 추모비가 태평양 함대 250주년을 기념해 만들어진 추모비로 왼손에는 방패, 오른손에는 칼을 들고 있는 황금동상이 인상적이다.

블라디보스토크에서 떠오르는 Eating

퍼스트시티(Радости)

굼 백화점의 뒷 골목길의 작은 디저트 카페가 대한민국 여행자의 마음을 훔치고 있다. 식사를 하고 나서 디저트로 먹을 에끌레어Eclair가 특히 한국 여성의 입맛에 유명세를 타고 있다. '에끌레어'는 크림으로 속을 채우고 아이싱을 덧입혀 길쭉하게 만든 모양의 페이스트리 빵이다. 조금 달기는 하지만 단맛을 느끼기에 좋다.

주소_ ул. Светланская, 33~35 **영업시간_** 09~21시 **전화_** +7 (423) 222-91-93, 208-91-93

구스토(Gusto)

퍼스트시티 근처에 있는 파스타와 크랩롤이 맛있어 유명세를 타고 있는 식당이다. 고급스러운 레스토랑 분위기로 블라디보스토크가 맛집이 늘어난다는 신호로도 볼 수 있는 레스토랑은 외국인 여행자에게 먼저 입소문이 난 곳이다. 토스트한 빵 사이에 크랩살이 가득하고 여러 재료들이 올라가 고소하고 담백한 맛을 낸다. 새우가 들어간 파스타는 구스타의 가장 인기 메뉴이다.

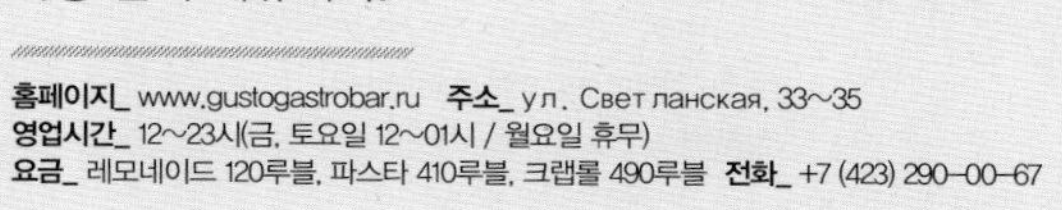

홈페이지_ www.gustogastrobar.ru **주소_** ул. Светланская, 33~35
영업시간_ 12~23시(금, 토요일 12~01시 / 월요일 휴무)
요금_ 레모네이드 120루블, 파스타 410루블, 크랩롤 490루블 **전화_** +7 (423) 290-00-67

숀켈 버거(Shonkel & Co)

블라디보스토크에는 버거Burger를 파는 전문점이 많지 않다. 물론 버거킹과 헤스 버거HesBurger도 있지만 대한민국에도 있는 대형 패스트푸드이기 때문에 버거Burger의 고급화를 대표하는 버거 전문점은 이 두 곳뿐이다. 댑DAB 버거와 숀켈Shonkel 버거를 비교하는 경우가 생기고 있다.
굼 백화점 뒷 골목길에 보수를 하고 수제 버거와 커피를 파는 세련된 내부 인테리어인데 저렴한 가격으로 댑DAB 버거보다 관광객에게 인기를 끌고 있다.

홈페이지_ www.vk.com/shonkel
주소_ Ул. Светланская, 33
영업시간_ 09~21시 **전화_** +7 (423) 280-28-20

중앙광장(혁명광장)
Центральная площадь

혁명광장은 여행 중 몇 번이나 지나치게 되는 블라디보스토크의 중심지다. 사회주의 혁명 성공을 기념하여 만들어진 광장으로, 광장 가운데에는 기념탑이 세워져 있으며 전승 기념일마다 행사가 개최된다.
러시아의 국가 행사가 개최되는 곳으로 블라디보스토크 여행의 대표적인 장소 중 하나이다. 광장 중앙에는 러시아 극동지에서 구소련을 위해 싸운 병사들을 기리는 동상이 세워져 있으며 매주 토요일마다 재래시장이 열리고 있어 블라디보스토크 시민들의 생활 터전이다.
블라디보스토크 시가의 중앙대로 중심에 위치한 광장이다. 소비에트 용사들을 위

한 기념 동상이 있으며, 새해축제를 비롯해 블라디보스토크 축제 개최의 단골 장소이기도 하다. 주말에는 시장도 열려 늘 사람들이 몰리는 곳이다. 광장 왼쪽에는 화이트하우스 '벨르이 돔'이라 불리는 연해주 주정부 청사가 위치해 있다.

주소_ Центральная площадь
정차버스_ 13, 31, 39, 42, 62, 99, 미니버스 57, 63 첸트르(Центр)역

무명용사 기념탑

대조국 전쟁에서 전사한 무명용사를 기념하기 위한 탑으로 4각형의 기둥에 있는 부조가 특히 인상적이다.
블라디보스토크가 군사도시인 것을 알 수 있는 중앙광장에서 이름도 없이 전사한 무명용사를 기념하는 탑을 세운 것은 사회주의 혁명을 한 러시아인 개개인을 기념하기 위한 것이다.

무명용사의 조각상

블라디보스토크는 과거부터 러시아 해군의 극동사령부가 위치한 군항인 만큼 다양한 군사시설과 기념비들을 도시 곳곳에서 찾아볼 수 있다. 중앙광장에는 커다란 무명용사들 조각상이 있고, 한쪽에 러시아 대통령이 이 도시를 위대한 승전의 도시로 지정한다는 내용의 비석이 세워져 있다. 그리고 2차 세계대전 참전용사를 기리는 묘역에는 당시 전투에 참가했던 S-56 잠수함이 설치되어 있다.
이곳 조선소에서 건조된 S-56함은 파나마운하를 지나서 유럽 전역에 투입돼 나치 독일 해군과 전투를 벌였다.

군사 영예 도시의 기념비 저부조

주말시장

금요일과 토요일에는 버스킹과 주말 시장 등 다양한 볼거리가 넘친다. 특히 주말 시장은 다양한 먹거리와 물건, 꽃 등을 파는 대규모 시장으로 현지분위기를 느끼기 좋다.

토요일에는 중앙광장에 주말시장이 열리는데 여러 가지 과일과 채소 등의 식료품을 싸게 팔고 있다. 특히 캐비어 통조림은 공항면세점보다 저렴하게 판매하고 있으며 킹크랩 통조림은 대한민국에는 판매되지 않아 선물용으로 좋다. 통조림 이외에는 꿀, 직접구운 빵, 당근김치 등을 판매하고 있다.

도시 박물관

도시의 역사를 기록한 박물관으로 아르세니에프 박물관이 이전하기 전에 위치한 곳으로 이전 후에 도시 박물관으로 변하였다. 시민들이 기증한 물품으로 시작된 박물관에 수집품이 많아지면서 점차 전시품이 많아지고 있다. 옛 블라디보스토크 시민들의 생활상을 볼 수 있는 기회를 가질 수 있다.

홈페이지_ www.arseniev.org
주소_ ул. Корабельная набережная, 6
위치_ 중앙 광장에서 성당 밑으로 난 계단을 내려가 왼쪽으로 돌아 걸어가 5분 정도 걸으면 니콜라이 개선문 오른쪽에 위치
전화_ +7 (423) 222-50-77 **관람시간_** 10~19시
요금_ 성인 200루블, 학생 100루블

수하노프 박물관

Дом Чиновника Суханова

로마노프 황제시대의 고급 공무원인 수하노프가 머물렀던 가구, 재봉틀, 사진 등이 모아진 목조건물 박물관으로 중산층의 생활모습을 볼 수 있지만 추천하지 않는다.

홈페이지_ www.arseriev.org
주소_ ул. Суханова, 9
관람시간_ 10~19시
요금_ 성인 150루블, 학생 100루블
전화_ +7 (423) 243-28-54

아르세니예프 박물관

Дом путешественника Арсеньева

주소_ ул. Арсеньева 7б
관람시간_ 10~19시
전화_ +7 (423) 251-58-53

전쟁공원
война парк

전쟁공원 내에는 영원의 불이 있는 입구에서 왼쪽에 잠수함 박물관이 있고 공원 안에 포세이돈 부조, 니콜라이 개선문, 도시박물관, 성모승천 성당 등이 있다.

니콜라이 개선문
Арка Цесаревича Николая

정교회 사원 건물과 더불어 많은 관광객들의 사진 스팟 중 하나인 개선문은 이름과는 어울리지 않게 알록달록 화려하게 장식되어 있는 모습이 인상적이다. 러시아 니콜라이 2세가 즉위 전 거쳐 간 모든 도시에 같은 모양의 개선문을 세웠다고 하며, 개선문을 통과할 때 소원을 빌면 이루어진다는 말이 있다.

마지막 황제였던 니콜라이 2세를 기념하는 문으로 황태자의 블라디보스토크 방문을 기념하기 위해 세워진 개선문은 소련 정부에 의해 철거되었다가 2003년에 다시 복원되었다. 개선문 상층부 앞면에는 니콜라이 황제 얼굴이 뒷면에는 블라디보스토크 상징인 호랑이 문장이 그려져 있다.

꺼지지 않는 영원의 불

1년 내내 꺼지지 않는다고 하여 영원의 불꽃이라고 한다. 전쟁에 참전한 러시아군의 넋을 기리는 장소로 러시아 정부에서 관리하는 장소이다.

제2차 세계대전의 시작과 끝을 알리는 1941~1945 숫자가 적혀있는 영원의 불꽃 기념비에는 늘 많은 사람들이 희생된 군인들의 넋을 기리고 있다. 과거 러시아의 역사가 기록되어 있다.

잠수함박물관

Подводная лодка С-56

제2차 세계대전 때 군함 14척을 가라앉힌 전설적인 잠수함 C-56호를 개조해 박물관으로 만들었다. 1936년에 부품을 만들어 상크페테르부르크에서 블라디보스토크까지 이동시킨 후 1939년에 완성되어 1941년에 함대에 배치되었다고 설명이 나온다. 14척을 가라앉힌 전적을 새기기 위해 밖에는 '14'라는 숫자가 적혀 있다.

1975년에 퇴역하면서 박물관으로 개조되어 지금에 이르고 있다. 잠수함 내부에 직접 들어가서 구경할 수 있는데 잠수함 뒤쪽으로 들어가서 뱃머리 쪽으로 나오게 된다. 천정이 낮은 박물관에는 잠수함의 연혁과 자료가 전시돼 있으며 함장이 이용하는 방과 수병들이 자는 방, 활동하는 공간을 그대로 재현하고 있다.

잠수함을 둘러보자면 소련시대 태평양함대의 역사를 어느 정도는 파악할 수 있게 된다.

홈페이지_ www.museumtof.ru
주소_ ул. Корабельная набережная, 6
위치_ 중앙 광장에서 성당 밑으로 난 계단을 내려가 왼쪽으로 돌아 걸어가면 5분
전화_ +7 (423) 221-67-57
관람시간_ 09~22시
요금_ 100루블

성모승천 성당

1890년대 초반에 니콜라이 2세의 방문을 기념하기 위해 개선문을 만들고 그 옆에 미사를 보기 위해 성당을 만들기 시작했다. 그 이후 성당으로 점차 완성되면서 블라디보스토크의 3대 성당으로 발전했다.

마린스키 극장

Мариинский театр

블라디보스토크를 극동지역의 대표도시로 키우겠다는 푸틴의 열망이 드러나는 것이 상트페테르부르크 마린스키 극장의 극동지부를 블라디보스토크에 2013년 개관한 사례를 들 수 있다.

러시아를 대표하는 발레 극장인 마린스키 극장 극동지부로 상트페테르부르크에 있는 마린스키 극장의 지점 같은 극장이다. 블라디보스토크에서 발레를 볼 수 있어 러시아 예술의 진수를 보려면 한번 입장할 만하다. 동그만 내부는 예술의 전당과도 비슷한 느낌이다.

보통 6월 초에서 7월초까지는 쉬는 기간이다. 약 1400석 규모로 러시아 발레와 오페라 공연을 감상하는 문화생활을 즐기

도록 하여 블라디보스토크 시민의 문화 생활을 책임지고 있는 중요한 극장이다.

홈페이지_ prim.marinsky.ru
주소_ ул. Светланская 49
영업시간_ 마린스키 10~21시
전화_ +7 (423) 200-15-15

마린스키 극장의 공연을 보자!

블라디보스토크의 마린스키극장은 극동 지역에서 두 번째로 큰 극장이다. 건물 앞면은 모두 유리로 덮인 입방체형식으로 건설되었다는 특징이 있다. 극장의 개막작으로 2013년 10월 18일에 '예브게니 오네긴'공연이 열렸다. 순회공연에서 흥미를 끄는 것은 극장의 발레뿐 아니라 교향악단의 공연이다.
홈페이지(prim.marinsky.ru)로 들어가 예약을 하는데 한국어 지원은 안되고 영어로 바꾸어 예약을 해야 한다.

극장의 총면적은 29,800㎡, 유효단면적은 27,200㎡이다. 건물은 지하 3층, 지상 7층에 2개의 무대와 20개의 분장실, 14개의 엘리베이터, 7개의 카페와 1개의 식당이 있다. 2개의 극장에 대극장의 1580석과 소극장의 312석이 있으며 대단히 큰 규모의 공연도 진행할 수 있게 되어 있다.
오케스트라 피트와 접이식 회전무대, 훌륭한 음향설비를 갖추어 러시아에서 기술적으로 가장 현대적인 극장으로 꾸며 놓았다. 극장에는 자체 녹음 스튜디오를 위한 필요한 모든 기술 장비가 다 갖추어져 있으며 자기의 극장과 협조할 의사가 있는 앨범을 내오기 위한 기획도 세우고 있다고 한다.

공연 에티켓

수준 높은 러시아의 발레와 가극의 공연을 볼 수 있는 좋은 기회가 블라디보스토크 여행에 있다. 여행 중에 보는 공연은 블라디보스토크가 2시간에 만나는 '유럽'이라는 문구가 생각나게 한다. 이때 사전에 공연 에티켓을 알아두면 극장에서 다른 사람들의 눈초리는 피할 수 있을 것이다.

1. 복장은 캐주얼 복장, 구두(단화)

여름이라고 반바지는 안 된다. 정장은 아니어도 청바지에 단정한 옷차림이면 가능하다. 가을이나 겨울의 복장은 큰 문제가 되지 않는다. 여름 여행에 공연을 보러가려면 미리 옷차림의 준비를 하고 가야 할 것이다.

2. 가을이나 겨울의 외투는 옷 보관소에 맡기자.

유럽 등의 클래식 공연을 본다면 가을이나 겨울에 외투를 맡기는 것은 기본적인 공연 예절이다. 테러문제 때문에 옷을 맡기는 것은 아니니 입구에 있는 옷 보관소에서 외투를 맡기고 번호표를 주면 잘 보관했다가 공연이 끝나면 바꾸어 나와야 한다.

3. 사진을 함부로 찍지 말자.

사진은 마구 찍어대면 옆 좌석의 따끔한 눈초리를 받아야 할 것이다. 사진은 쉬는 시간이나 공연 마지막의 무대 인사를 하러 나올 때 찍을 수 있으니 알아두는 것이 좋다.

4. 앵콜 박수는 기본

공연이 끝나면 공연이 좋았다는 표시를 박수로 표현한다. 공연자는 무대 박수가 대단히 중요하니 박수로 표현을 하면 된다. 그런데 박수를 치지 않을 수 없는 공연무대가 펼쳐질 것이다.

제대로 된 공연을 보고 싶어요!

1층과 2층의 좌석을 구해야 제대로 된 공연을 볼 수 있다. 1층은 5번째 줄 이후로 예약하는 것이 '공연의 소리가 가장 좋다'라는 같이 공연을 간 음악전문가의 의견을 들었다.
2층은 1층보다 저렴하지만 2층 가장 앞의 좌석이 오히려 1층보다 무대를 편안하게 볼 수 있어 처음 공연을 보는 여행자는 2층 1줄 좌석을 살펴보고 1층 좌석을 예약하라고 조언해 주었다.

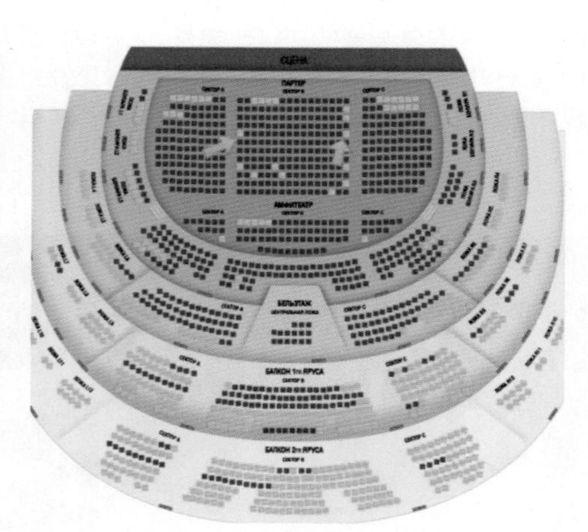

발레

러시아를 대표하는 예술 장르를 꼽는다면 누구나 '발레'를 들 것이다. 그만큼 러시아는 오랜 발레의 전통을 가지고 있다. 발레는 원래 이탈리아와 프랑스에서 시작되었지만 현재의 서양 발레가 꽃핀 곳은 바로 러시아이다. 17세기가 끝날 무렵 프랑스로부터 도입된 발레는 처음에는 서구 발레의 모방인 듯했다. 그러나 19세기 초, 프랑스 혁명의 불길이 피해 도망온 '디드로'의 노력으로 러시아 발레는 발전의 길이 열렸다. 그는 발끝으로 균형을 잡는 '포완테'라는 기법과 '파드두'라는 무용 기법을 고안해 내고, 여기에 조지아와 러시아의 전통적인 무용을 접목시켰다. 유럽에서 발레가 좀처럼 발전하지 못하고 있던 19세기 후반에도 유독 러시아에서만큼은 발레의 황금기라 불리며 크게 발전했다.

러시아에서 발레가 발전할 수 있었던 데에는 국가의 전폭적인 지원이 큰 역할을 했다. 1673년 러시아에서 처음 발레가 공연되었을 때 이를 본 러시아 황실은 크게 감동했고 발레를 적극적으로 키워 나갔다. 황실 무용 학교를 세우고 우수한 무용수를 초빙하는 것은 물론 전문적으로 발레 교육을 실시하는 등 지원을 아끼지 않았다.

세계 최고의 볼쇼이 발레는 일찍이 1776년에 창설되어 디드로의 후계자들에 의해 성장해 갔다. 1847년에는 연출 안무가 프티파가 프랑스에서 상트페테르부르크로 왔는데 그는 차이코프스키의 호두까기 인형, 백조의 호수 등을 잇달아 연출해 러시아 발레에 로맨틱한 감성을 불어 넣었다. 지금도 감상할 수 있는 고전 발레에는 그가 안무한 작품이 많다.
이렇게 시작된 러시아 발레는 환상적이며 힘이 넘치는 러시아만의 색깔을 갖추어 나가며 급속도로 발전했다. 러시아 발레를 세계 최고 수준으로 끌어 올린 것은 디아기레프가 인솔하는 러시아 발레단 연출과 '포킨', '안나 파블로바'와 '바츨라프 니진스키'같이 뛰어난 무용수들을 통해 발레를 전 세계에 알려나갔다. 그들은 자연스러운 움직임을 추구하며, 차이코프스키 등 종래의 음악에 덧붙여 드뷔시, 라벨, 스트라빈스키 등의 음악을 접목시켰다. 디아기레프의 발레는 러시아 혁명에 의해 추방당했지만 그 영향력은 커서 프랑스의 리파르와 뉴욕 시티 발레의 바란신에도 많은 영향을 주었다. 호주나 미국과 같이 현대에 들어서 발레가 빠르게 확산된 나라들은 대부분 러시아 발레의 아름다움에 매료되었던 곳이다.

발레의 명작

블라디보스토크에서 발레를 보게 된다면 가장 유명한 발레 백조의 호수, 지젤, 호두까기 인형 등을 감상하는 것이 좋다.

백조의 호수

1877년 2월 20일 볼쇼이 극장에서 처음 공연되었지만 안무가 너무나 혹독했기 때문에 곧 상연 목록에서 빠졌다. 천재적인 안무가 프티파와 이바노프에 의해 전면적으로 다시 연출되어 재차 햇빛을 본 것은 1895년 초연이 있은 뒤 18년 만이었다. 지금은 당대 일류 발레리나에 의해 빠지지 않는 레퍼토리 중 하나이다. 그중에서도 이바노프 안무의 제1악장은 발레의 백미라고 일컬어질 정도로 이 부분만을 공연하는 경우도 많다.

스토리(Story)

| 제1막 | 제1장 성을 바라는 숲

성인식을 앞둔 왕자 지크프리트가 마을 사람들과 놀고 있다. 그때 어머니인 왕비가 다가와 성인식에서는 약혼자를 정해야 한다며 선물로 활을 준다. 성인식이 끝나면 자유롭게 사냥을 갈 수 있겠다고 생각한 왕자는 활을 가지고 숲으로 향한다.

| 제1막 | 제2장 숲 속의 호반

이곳은 악마 '로트바르트'의 숲, 호반에 무리를 이룬 백조들은 그의 마법에 걸려 백조가 된 처녀들, 밤에만 인간의 모습으로 돌아오는데, 그중에 '오데트'공주도 있다. 호반에 온 왕자는 오데트를 만나 그 아름다움에 매료된다. 악마의 주술을 풀기 위해서는 아직 사랑을 모르는 젊은이가 영원한 사랑을 맹세하는 것이 유일한 방법이라는 것을 듣고 왕자는 그녀를 자신의 성인식에 초대한다. 오데트는 자신이 밤에 방문하기 전에 왕자가 누군가와 인연을 맺을 수 있기를 바란다.

| 제2막 | 제1장 성 안의 큰 방

오데트 생각으로 가슴 벅찬 왕자는 신부 후보인 왕녀들이 차례차례 소개되는데 전혀 관심이 없다. 그곳에 기사로 변장한 로트바르트와 오데트로 변장한 딸 오디르가 등장한다. 왕자는 오디르를 오데트라고 생각하고 영원한 사랑을 맹세한다. 그때 악마가 정체를 드러내고 비웃음을 남긴 채 사라진다. 창가에서는 백조의 모습을 한 오데트가 절망해서 날아간다. 왕자는 오데트의 뒤를 쫓는다.

| 제2막 | 제2장 숲 속의 호반

백조인 처녀들과 함께 슬픔에 잠긴 오데트를 보고 황급히 달려온 왕자는 용서를 구하지만 때는 이미 늦었다. 왕자는 자신의 생명을 걸고 악마에게 결투를 청한다. 격렬한 격투 끝에 왕자는 마침내 승리하고, 악마는 사라진다. 사랑의 힘에 의해 다시 처녀의 모습이 된 오데트는 왕자와 포옹한다.

지젤(Жизель)

젊은 처녀가 결혼을 앞두고 죽으면 '윌리'라는 영혼이 되어 한밤중에 묘지에서 빠져나와 미친 듯이 춤춘다. 젊은 남자가 그곳을 지나가려고 하면 춤에 말려들어 쓰러질 때까지 춤추게 한다는 전설을 토대로 시인 하이네가 쓴 이야기인 지젤은 음악은 '아단'이 지휘하였다. 1841년 파리 오페라에서 초연을 하였고 러시아에서는 이듬해 상트페테르부르크에서 처음 상연되었다.

스토리(Story)

| 제1막 | 지젤의 집 앞

청년 귀족 '알브레히트'는 마을 처녀 지젤을 사랑하고 있다. 그는 자신의 신분을 감추기 위해 사냥하는 오두막에서 허름한 옷으로 갈아입는다. 지젤을 사모하는 젊은이가 또 한 사람 있다. 그는 산지기인 '힐라리온'이다.

알브레히트는 지젤을 불러내 그녀와 사랑 점을 보기도 하고 함께 춤추면서 즐겁게 지낸다. 사실 알브레히트에게는 '바틸다'라는 약혼녀가 있다. 그의 진짜 신분을 안 힐라리온은 지젤에게 이 사실을 폭로한다. 그곳에 바틸다가 등장하고 알브레히트는 그녀의 손에 키스를 한다. 충격을 받은 지젤은 그 자리에서 숨을 거둔다.

| 제2막 | 지젤의 묘지 앞

불길한 정적이 감도는 심야의 묘지, 윌리의 여왕 '미르타'를 둘러싸고 윌리들의 춤이 시작된다. 지젤도 오늘밤부터 윌리가 되어 춤을 추어야 한다. 윌리들은 지젤의 묘지에 온 힐라리온을 체포해 미친 듯이 춤추게 하고 죽음의 연못으로 쫓아 보낸다.

다음으로 지젤의 환상을 쫓는 알브레히트 등장, 미르타는 그에게 죽음의 춤을 명령하지만 지젤의 사랑의 힘에 의해 저지당한다. 이곳에서 춤추게 된 두 '파드두'는 한없이 아름답고 슬프다.

다시 윌리들 등장, 알브레히트의 간절한 애원도 듣지 않고 쓰러질 때까지 춤추게 한다. 그때 새벽종이 울리고, 마법이 풀린 윌리들은 여명 속으로 사라진다. 지젤도 알브레히트를 남겨두고 묘지의 그림자 속으로 모습을 감춘다.

비소츠키 동상
Высоцкий

극장 앞에는 아름답게 꾸며 놓은 정원이 있는데 가운데의 둥근 꽃으로 둘러 싸인 곳에 국민가수인 비소츠키Высоцкий가 기타를 치는 모습을 표현한 동상이 있다. 러시아의 국민가수이자 시인인 비소츠키Высоцкий로 '야생마'라는 노래가 대표곡이다.
tvN 드라마 '미생'에서 장미여관밴드가 리메이크하면서 우리에게도 들으면 아는 곡이 되었다.

독수리 전망대

블라디보스토크에는 도시의 전경을 한눈에 바라볼 수 있는 전망 좋은 곳이 있다. 블라디보스토크에는 독수리 둥지라 불리는 오를리노예 그네즈도Orlinoye Gnezdo 산이 그곳이다. 오를리노예 그네즈도Orlinoye Gnezdo산은 블라디보스톡에서 가장 높은 산으로 정상의 높이가 214m이다. 오를리노예 그네즈도Orlinoye Gnezdo 산에서는 골든 혼Golden Horn과 아무르스키Amursky, 우슬리스키 만Ussuriisky Bays과 러시안 섬Russian Island까지 한 눈에 보여 아름다운 파노라마를 관광객들에게 선사한다.
전망대에 오르는 길에서 푸쉬킨 극장과 공과대학 부설 연구소, 아름다운 목조 및 석조 주택들을 만날 수 있다.

특히 러시아 극동함대, 구소련 태평양 함대의 모항인 블라디보스토크 항 전체를 내려다 볼 수 있는 가장 좋은 곳이다.
전망대에서 굽어보는 블라디보스토크의 야경 포인트라고 하면 역시 독수리 전망대다. 블라디보스토크 시내의 전경을 한눈에 조망할 수 있는 장소로, 특히 737미터 길이의 금각교는 사진으로 보는 것보다 직접 보는 것이 훨씬 아름답다.

블라디보스토크 여행의 하이라이트이자 시내를 한눈에 조망할 수 있는 독수리전망대에는 러시아 문자인 키릴문자를 발명한 키릴 형제의 동상이 세워져 있다. 낮과 밤의 다른 풍경을 볼 수 있어 블라디보스토크의 색다른 매력을 느낄 수 있는 곳이다.

키릴형제

전망대 뒤에 십자가를 들고 서 있는 동상은 키릴 형제의 동상이다. 비잔티움 제국이 멸망하고 난 후 러시아는 그리스정교회의 종주국으로 발돋움하였다. 그리스 테살로니키 출생의 ══언어학자인 키릴은 9세기 중엽 문자가 없던 중앙아시아에 있던 슬라브족에게 문자를 전해주었는데 그 문자가 러시아어 문자의 시초가 되었다. 그리하여 언어학자 키릴은 러시아에서 위대한 인물로 추앙받고 있다.

전망대 가는 방법

1. 오른쪽으로 난 계단을 따라 내려간다

2. 계단을 내려가면 왼쪽에 동그랗게 공원을 가로질러 가서 육교를 따라 올라가면 된다.

3. 16번 버스에서 내리면 나오는 푸니쿨라 입구

독수리 전망대 야간 전망

독수리 전망대 주간 전망

금각만(金角灣)

Золотой Рог / Golden Horn

독수리언덕에서 내려다보이는 만을 금각만이라고 부르는 이유는 햇빛이 비치면 잔잔한 바다 표면이 마치 황금 뿔처럼 찬란하게 빛나기 때문에 과거 무라비예프 총독이 이스탄불의 금각만을 생각하며 이름을 붙였다고 한다. 길이 7㎞에 달하는 금각만 주위에서는 조선업이 발달했으며 제정러시아 시절부터 태평양 진출의 전진기지 역할을 수행했다.

금각교

Золотой Рог / Golden Bridge

오래전부터 부동항을 찾고 있던 러시아가 찾고 있던 항구도시 블라디보스토크는 도시를 즐기려는 관광객이 찾는 인기 관광지가 되었다. 독수리 전망대 앞에 보이는 다리가 황금의 다리인 '졸로토이 다리Golden Bridge'가 보인다. 블라디보스토크에서 특히 야경이 아름다운 도시로 인기가 많다.

소련시절 공산당 서기장인 후루시쵸프가 미국을 방문하고 나서 블라디보스토크를 러시아의 샌프란시스코로 육성해야 한다고 주장하기도 하였다고 한다. 1960년대부터 이야기가 나오던 금각만 횡단 교량 건설과 루스키 섬의 연결 교량 건설은 2012년에서야 푸틴의 극동지방 본격개발로 완공되었다. 블라디보스토크 시내가 한눈에 내려다보이는 독수리언덕에 오르면 러시아의 자존심을 회복하고, 러시아를 위대하게 만들려는 푸틴 대통령의 야망을 확인할 수 있다.

먼저 눈에 들어오는 것은 기다란 만(灣) 위에 건설된 거대한 교량. 육지를 길게 움푹 들어간 금각만 위를 지나는 교량은 블라디보스토크 시내와 최남단의 루스키 섬을 연결하고 있다.

푸니쿨라 / 푸니쿨료르

Funikulyor / Фуникулёр

러시아어로 푸니쿨료르Фуникулёр라고 부르는 푸니쿨라는 언덕을 오르내리는 조그만 전차정도로 생각하면 된다. 당시의 소련의 서기장인 흐루시쵸프가 미국의 샌프란시스코를 방문하고 돌아와 블라디보스토크를 동방의 샌프란시스코로 만들겠다는 의지에 1959년에 착공해 1962년에 완공되었다. 높이 70m정도를 이동하는데 약 2분 정도 소요되어 시시하다고 생각할 수 있지만 블라디보스토크에 처음 등장해 명물이 되었다.

전망을 보기 위해 많은 관광객이 찾는 푸니쿨라는 독수리 전망대에 가려면 꼭 타야하는 것은 아니다. 독수리 전망대에 가기 위해 16번버스를 타고 내리면, 걸어서 올라가는 방법과 케이블카인 푸니쿨라를 이용하는 2가지의 방법이 있다.

주소_ 클로버하우스에서 16번 버스를 타고 푸니쿨라(Funikulyor)역에서 하차, 도보 5분

시간_ 7시 03분~19시 55분 (매시간 03, 10, 17, 25, 32, 40, 55분 출발)

요금_ 편도 14루블

푸시킨 기념동상

Памятники Александр Сергеевич Пушкин

중앙광장에서 90번 버스타고 2 정거장 후 드브그투ДВГТУ에서 하차 후 건너편 오른쪽 오르막길로 직진하여 사거리에서 왼쪽으로 푸니쿨라(푸니클료르) 옆에 있는 동상이 푸시킨이다. 러시아의 천재 시인이자 소설가인 푸시킨의 기념 동상으로, 38세의 짧은 나이로 생을 마감했지만 사실주의 문학의 선구자로 러시아 근대 문학을 열었던 인물로 러시아의 국민시인으로 알려져 있다. 케이블카 건물 바로 옆에 있다. 푸시킨 동상에서 오른쪽의 푸시킨 극장에서 공연이 상시 열린다.

주소_ ул. Пушкинская, 22

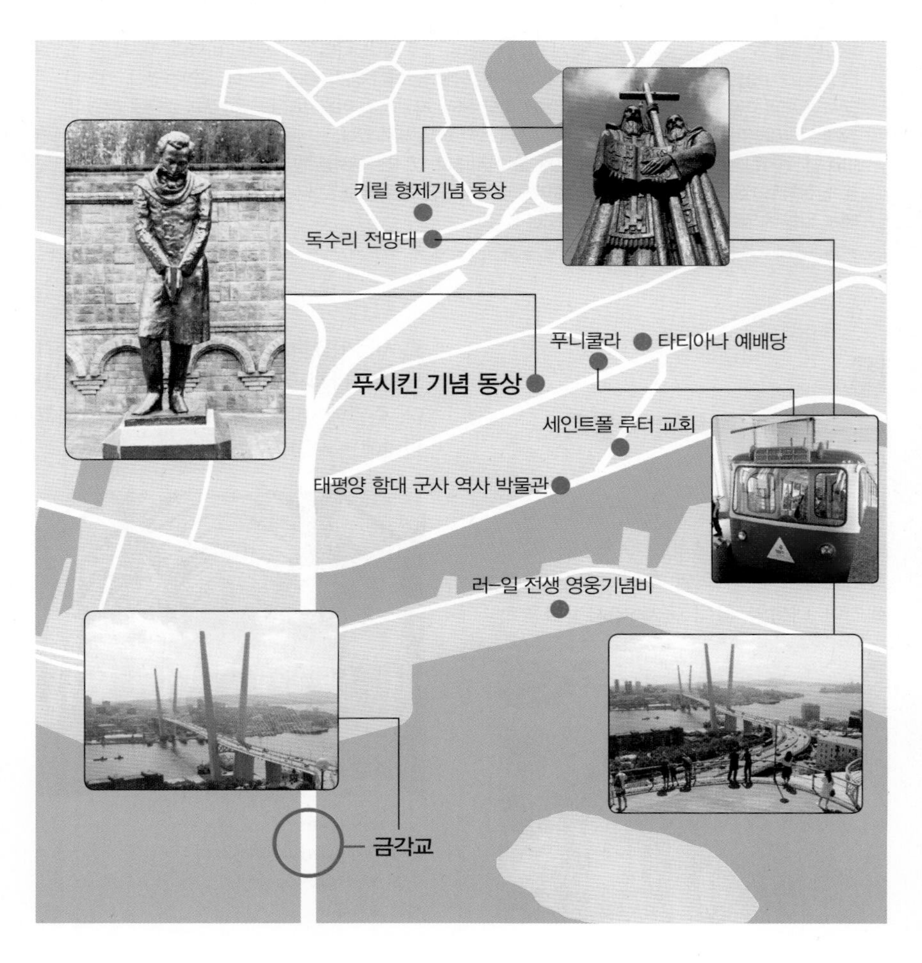

푸시킨(Pushkin)

러시아 문학하면 떠오르는 인물이 우리에게는 톨스토이나 도스토옙스키이지만 러시아 인들은 푸시킨을 첫손가락으로 뽑는다. 러시아 문학은 푸시킨에서 시작되었다고 할 정도로 그의 위상은 가장 높은 위치에 있다. 까무잡잡한 피부, 동그란 얼굴, 러시안 인이지만 일반적이지 않은 인물이 바로 푸시킨이다. 까무잡잡한 피부는 그의 외증조부가 에티오피아 출신의 흑인 노예였기 때문이다. 이에 반해 푸시킨의 친가는 600년 역사를 자랑하는 귀족집안 출신이었다.

문학적 재능이 뛰어난 천재 시인이자 소설가는 결투를 신청해 치명상을 입고 38세의 나이로 생을 마감했다. '삶이 그대를 속일지라도'라는 시를 누구나 들어는 봤을 것이다. 그 시에서 인생이란 슬퍼하거나 노여워할 대상이 아니라고 했던 것을 알고 있었던 것처럼 짧은 인생을 마감한 인물이다.
1837년 1월 27일 푸시킨은 결투를 하게 만든 인물이 그의 아내, 나탈리야 곤차로바였다. 푸시킨은 그녀를 모스크바의 한 무도회에서 만났고 한눈에 반해 3번이나 청혼 끝에 결혼에 골인하였다. 그러나 당시 16세의 어린 신부였던 그녀는 뛰어난 미모 덕에 사교계의 여왕으로 군림하였고 염문을 뿌렸다. 황제 니콜라이마저 그녀에게 추파를 던질 정도였다고 알려져 있다.
1836년 푸시킨은 아내가 프랑스인과 불륜을 저지르고 있다는 투서를 받고 분노를 참을 수 없어 결투를 신청하고 1월 27일 17시에 결투가 벌어지고 푸시킨은 순백의 설원에서 치명상을 입는다. 결국 결투에서 입은 치명상으로 1월 29일 숨을 거둔다.

체르코브 스바토바 파블라
Церковь Святого Павла

독일 루터파 교인들이 1880년대에 사용한 세인트폴 루터 교회는 1909년에 재건축되었다. 러시아 혁명 후에 1935년에 폐쇄되어 태평양 함대 군사 역사박물관으로 사용되었다가 1997년에 독일인 목사가 오면서 다시 이전의 교회로 사용하고 있다. 주말에 예배 행사에 사람들이 모이고 평일에는 사람들이 별로 없다.

홈페이지_ www.luthvostok.com
주소_ ул. Пушкинская, 14
시간_ 10~20시

라떼
Latte

독수리 전망대에 겨울에 찾는다면 매서운 바람에 추위에 떨 수 있다. 이때 몸을 녹일 수 있는 레스토랑으로 추천한다. 24시간 운영하기 때문에 시간에 상관없이 식사를 할 수 있다.
독수리 전망대에서 대각선 방향으로 있는 스테이크와 파스타 전문 레스토랑이지만 일식과 태국요리에 버거까지 있다. 간단하게 먹을 수 있는 모둠 치즈나 수제버거가 주로 판매되고 있다. 저녁에는 술도 판매한다.

주소_ ул. Светланская, 83
요금_ 수제버거 320루블, 브런치 180루블~
전화_ +7 (423) 222 5637

비사타
Высота

독수리 전망대 뒤에 있는 블라디보스토크에서 가장 높은 산인 오를리노예 그네즈도Орлиное гнездо에 있는 주상복합 아파트 19층에 있는 고급 레스토랑으로 금각교를 바라볼 수 있어 인기가 높다. 사교모임 장소로도 유명하여 주로 현지인들이 찾는 레스토랑이다.
스테이크와 파스타가 주 메뉴로 비싼 가격이지만 실내 인테리어와 금각교 전망이 좋아 근사한 저녁식사를 원하는 연인들에게 인기가 있다.
저녁식사를 원하는 고객이 대부분인데 도로에서 떨어진 곳에 위치해 있기도 하고, 메인 메뉴인 스테이크가 700루블이 넘어 식사를 하면 1,500루블 정도의 식사 가격이 나오기 때문에 관광객은 거의 없다. 저녁식사를 한 후에 돌아올 때는 직원에게 택시를 불러달라고 하면 편하게 시내로 돌아올 수 있다.

홈페이지_ www.vysota 207.ru
주소_ Орлиное гнездо 19-й этаж, ул. Аксаковская, 1
시간_ 13~다음날 01시
전화_ +7 (423) 278 9556

셀피
Selfie

아르바트 거리 옆의 스베트란스카야Свет ланская 거리에서 가장 대표적인 레스토랑이나 한글 메뉴판의 가격차이로 욕도 먹는 레스토랑이다. 라이브로 노래를 들을 수 있는 레스토랑으로 호불호가 있지만 젊은 분위기로 인기를 끌고 있다. 친절하게 자리를 안내하고 한국어 메뉴판을 주기도 한다.
인기가 많은 미국스타일로 내부 분위기를 냈다. 립 아이 스테이크가 다만 한국어 메뉴판의 가격(1,860루블)과 영어 메뉴판의 가격(1,260루블)이 다르기 때문에 굳이 한국어 메뉴판을 달라고 할 필요가 없다. 서비스 요금이라고 하는데 한국어 메뉴판으로 서비스요금을 더 내면 기분이 상하게 된다. 스테이크는 웰던으로 주문하는 것이 한국인의 입맛에 맞다.

주소_ ул. Семенобская 3
영업시간_ 일~목요일 10~24시, 금~토 10~02시
전화_ +7(423) 255-68-68

문샤인
Moonshine

분위기 있는 칵테일 바로 진열장에 놓인 많은 술이 켜지고 다양한 보트카와 와인에 넣어 만든 칵테일이 마치 뉴욕의 칵테일 바 분위기를 연출한다. 진에 블랙베리 리큐어를 넣어 만든브램블 칵테일이 가장 인기 있는 칵테일로 맛있다. 현지 젊은이를 대상으로 하는 바이기 때문에 러시아어만을 사용할 수 있어서 영어로도 대화가 통하지 않는다. 금요일부터 현지 젊은이로 북적이기 때문에 주말에는 미리 가서 자리를 잡고 있어야 한다.

주소_ ул. Светланская, 1 **영업시간_** 18~다음날 새벽 02시(금, 토요일에는 새벽 04시)
요금_칵테일 350루블~ **전화_** +7 (423) 207-7051

스튜디오 카페-바
Studio Cafe-Bar

아르바트 거리 옆의 스베트란스카야 거리는 블라디보스토크 시민들이 주로 찾는 거리로 젊은 분위기의 카페거리로 알려져 있다. 이곳의 고급스러운 카페로 유명하다. 연해주 향토 박물관 위로 조금만 올라가면 왼쪽 골목 안에 있는데 분위기가 들어갈 때부터 마음에 든다.
늦은 오전의 브런치와 해산물, 이탈리아 정통 피자와 파스타가 인기 메뉴이다. 하지만 가격이 비싸기 때문에 점심 메뉴로 나오는 비즈니스 세트를 주문하면 저렴하고 맛난 식사를 먹었다고 자부하게 될 것이다.

홈페이지_ www.cafe-studio.ru
주소_ ул. Семенобская 18a
영업시간_ 24시간 영업
전화_ +7(423) 255-22-22

니 르이다이
Не рыдай

베르사유 호텔에 있는 음식점으로, 호텔과 분위기를 맞추려는 듯이 궁전 컨셉으로 만든 레스토랑이다. 베르사유의 연회장 같은 분위기로 샹들리에까지 있어 고급 레스토랑 같지만 음식은 카페테리아 스타일로 러시아 전통음식을 팔고 저렴한 반전이 있다. 단체 예약이 많아 주말에는 파티 공간으로 사용이 되기도 한다.

주소_ ул. Светланская, 10
영업시간_ 09~22시
(토, 일요일에는 10시에 시작)
요금_ 40루블~(접시당), 15루블~(음료)
전화_ +7 (908) 994-4413

스탈로바야 넘버 원
Столовая No 1

현지인이 아침 일찍부터 찾는 음식점이다. 특히 닭다리는 우리가 먹어오던 닭다리와 비슷해 친숙한 맛이다. 다른 밥이나 반찬들도 우리가 먹던 것과 보기에는 비슷하지만 맛은 다르기 때문에 잘 보고 선택해야 한다. 선택한 음식대로 가격이 매겨지기 때문에 적당하게 먹을 만큼만 선택해야 한다. 런치 세트에만 저렴하게 판매하는 음식이 있어 추천한다.

주소_ Ул. Светланская, 32
영업시간_ 08~21시
전화_ +7(423) 222-88-34

러시아의 대표적인 음료

러시안 티(Tea)

홍차에 잼을 섞어 마시는 러시안 티(Tea)는 브랜디를 첨가하기도 한다. 주로 가정에서 마시는 방법이지만 레스토랑의 메뉴에도 잼이 딸린 홍차(Чай свареньеи)가 있다. 잼이 작은 접시에 담겨 나오지만 차에 잼을 넣어 저으면 러시아 인들은 이상하게 쳐다볼 것이다. 러시안 티를 정식으로 마시는 방법은 잼을 떠서 핥으면서 차를 마시는 것이다. 잼이 없는 경우에는 각설탕을 차에 적셔서 먹고 입 안에서 설탕을 녹이며 차를 마신다.

쿠바스(Квас)

검은 빵을 발효시켜 만든 쿠바스(Квас)는 독특한 냄새와 달콤한 맛이 섞여 있다. 여름에는 거리 곳곳에 시원한 쿠바스 탱크가 설치되어 곳곳에서 목을 축이고 갔다고 한다. 처음에 맛을 보면 당황스럽지만 익숙해지면 먹을 만하다. 설탕을 탄 콜라나 주스보다는 건강에 좋지만 지금은 콜라 등의 탄산음료에 밀려 찾아보기가 힘들다.

미네랄워터

오랜 전에는 탄산이 강하게 들어간 것이 주였지만 지금은 탄산 맛이 약해졌다. 식수로 먹기가 힘들었던 러시아의 도시에서는 미네랄워터가 주 식수였다.

라곰카
Лакомка AKOMKA

블라디보스토크 시내 도처에 있는 110년 전통의 빵 회사인 블라드 홀렙의 베이커리로 우리나라의 파리바게뜨라고 생각하면 된다. 시민들에게 대단히 인기가 높고 샌드위치나 케이크와 커피를 주문하는 젊은이들이 많지만 아직 관광객이 주로 찾는 카페는 아니다. 알리스 커피Allis Coffee와 비슷한 저가의 카페로 가격은 비싸지 않아서 편하게 즐길 수 있다.

주소_ Ул. Светланская, 13
영업시간_ 08~20시
전화_ +7(423) 241-18-77

미쉘 베이커리
Michel's Bakery

파리, 도쿄, 모스크바, 블라디보스토크에 지점을 둔 프랑스의 미셸이 만든 베이커리 가게로 고급스럽게 프랑스풍으로 인테리어를 꾸몄다. 중상층의 여자들에게 인기가 많아서 젊은이들이 찾아가는 카페는 아니다. 블라디보스토크에 있는 유럽인들이 주 고객이다.

홈페이지_ www.michealbakery
주소_ Ул. Светланская, 51
영업시간_ 08~21시
전화_ +7(423) 254-68-86

주소_ Ул. Суханова, 6а
영업시간_ 09~23시
전화_ +7(423) 298-22-88

현대 호텔 옆의 수크하노바(Суханова) 거리

팔라우피쉬
Palau Fish

독수리 전망대에서 걸어서 조금 내려오면 있는 레스토랑으로 원나잇 푸르트립이라는 TV 프로그램에 소개가 되어 더욱 유명해졌다. 레스토랑은 깔끔한 내부 인테리어가 보기 좋다. 해산물 전문이기 때문에 고기류보다는 해산물요리가 특히 인기가 높다. 고급 레스토랑으로 가격은 블라디보스토크에서 비싼 편에 속한다.

홈페이지_www.palaufish.com
주소_ ул.Семенобская 1
영업시간_ 11시~24시
전화_ +7(423) 243-33-44

몰로코 엔 모드
Moloko & Med

현대 호텔 주위에는 팔라우 피쉬가 가장 유명한 레스토랑이다. 그 주위에 젊은 세대에게 유명한 북유럽풍의 카페로 현대호텔에 투숙하는 관광객이 밤늦게까지 많이 찾는 카페이다. 도로 옆에 노천카페에서 즐기는 젊은이들이 대부분인데 필자는 차량의 매연이 심해 안으로 들어가게 되었다. 브런치와 디저트가 유명하니 늦게 일어났다면 브런치를 추천한다.

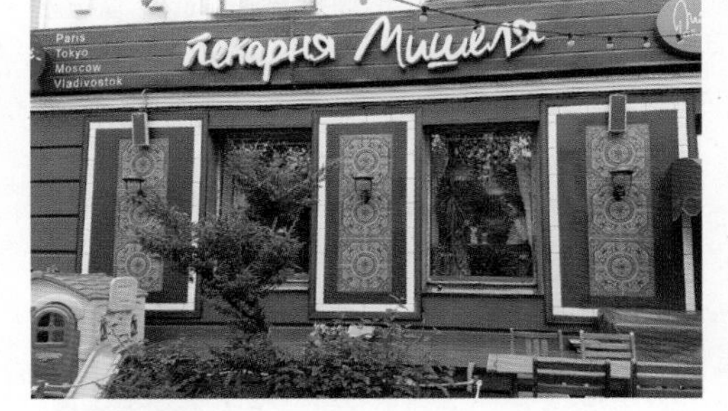

주소_ ул.Семенобская 6а
영업시간_ 일~목요일 10~24시, 금~토 10~02시
전화_ +7(423) 258-90-90

블라디보스토크 나이트 라이프

블라디보스토크에는 밤에도 안전하게 여기저기 야경을 볼 수 있고 맥주나 신나는 음악과 춤을 출 수도 있다. 여행의 고단함을 날려줄 장소를 소개한다.

무미트롤 뮤직바

모스크바에도 있는 뮤직바로 블라디보스토크에서 배출한 유명 록그룹인 '무미트롤'의 이름을 딴 라이브카페이다. 매일 24시간 내내 운영하는데 저녁에만 라이브 공연이 열리는 활기찬 느낌의 카페를 즐길 수 있다. 메뉴의 종류도 다양하고 식사와 음악을 동시에 즐길 수 있는데 맥주만 주문해도 라이브 공연을 보는 데 지장이 없다.

홈페이지_ www.vvo.mumiytrollbar.com **주소_** ул. Пограничая, 6 **전화_** +7(423) 262-01-01

트리니티 아이리쉬 펍

아이리시 펍이니 대표적인 맥주인 기네스, 킬케니, 스미딕스가 있고 다른 유럽의 맥주들도 있다. 맥주의 6개를 샘플로 마실 수 있는 6종 샘플러가 500ml에 300~400루블이다. 음식의 맛은 일반적으로 특색은 없다. VL마트 바로 앞에 위치한 펍은 시내로 가는 방향에 있기 때문에 마트에서 신호등을 건너면 도착한다.

홈페이지_ www.trinityvl.ru
주소_ Океанский проспект, 48a
영업시간_ 화~목 12시~01시
금~토 12시~03시
전화_ +7 (423) 265-60-00

캣 앤 클로버

아르바트 거리에서 해양공원이 만나는 수프라Supra 옆에 있는 아이리쉬(Irish) 분위기의 펍이다. 아르바트 거리에 있어 접근하기기 쉽고 찾기도 편하다. 새로 생겨난 펍(Pub)으로 가격도 비싸지 않아 밤에 편하게 즐기고 숙소로 찾아가기도 좋다.

주소_ ул. Адмрала Фокина, 14
영업시간_ 일~목 12~새벽01시
금~토 12~새벽03시
전화_ +7(423) 227-77-21

홀리 홉

수제맥주를 직접 만들어 생산하여 다양한 맥주를 마시면서 유럽요리를 먹을 수 있다. 다양한 맥주가 진열되어 있는 프런트에 비해 10개 정도의 테이블로 큰 공간은 아니다. 러시아 수제맥주인 그랜트 우드를 젊은이들이 많이 마신다. 에일 맥주인 마이셀& 프렌즈Maisel & Friends, 발트의 맥주인 언노운 쇼어Unknown Shore도 인기 있는 맥주이다. 17시 전까지 평일에는 해피 아워(300루블)로 저렴하게 맥주를 마실 수 있다.

주소_ B1, ул. Океанский проспект, 9
영업시간_ 12~새벽 02시
요금_ 맥주 150루블~
전화_ +7 (423) 250-2929

블라디보스토크의 동상들

블라디보스토크에 세워진 러시아와 소련의 영웅상은 모두 태평양으로 진출하라고 재촉한다. 성화 속의 니콜라이 2세, 해양공원 언덕에 세워진 러일전쟁의 영웅 마카로프 제독, 역전에 위치한 레닌, 소련 해군의 영웅 쿠즈네초프 제독 등 모두가 바다로 나가자고 소리치는 듯하다. 이들의 염원을 담은 듯 푸틴 대통령은 더욱 적극적으로 태평양 진출을 모색하고 있다. 블라디보스토크는 천천히 걷다 보면 푸틴과 러시아인의 태평양을 향한 본능을 느낄 수 있는 도시이다.

호랑이 동상

레닌 동상

솔제니친 동상

아무르스키 동상

엘리노어 프레이 동상

솔제니친 동상

비소츠키 동상

찰리 채플린 동상

키릴과 메소디우스 형제상

포세이돈 동상

아르바트 거리(=아드미랄 포킨)
ул Адмирала Фокина

블라디보스토크에서는 정통 러시아 요리는 물론 조지아, 우즈베키스탄, 우크라이나 음식도 맛볼 수 있다. 또한 카페테리아식 음식점도 있어 2시간에 만날 수 있는 유럽이라는 문구처럼 다양한 나라의 먹거리를 즐길 수 있어 여행자를 즐겁게 한다.

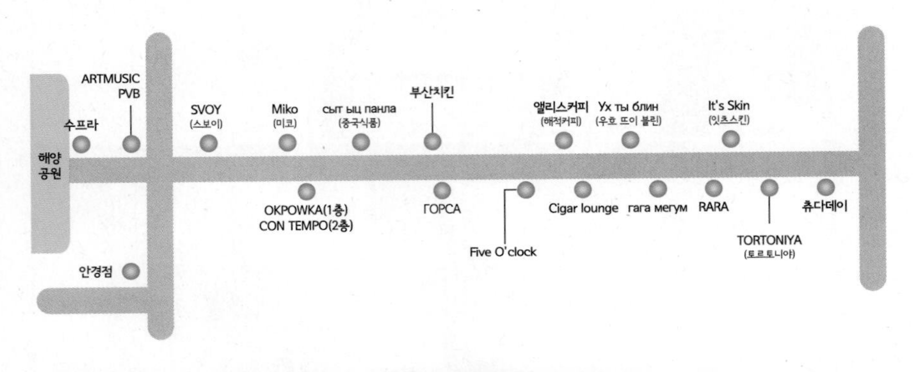

RARA / гага мегум / Cigar lounge / OKPOWKA(1층) / CON TEMPO(2층)
TORTONIYA / Ух ты блин / CON TEMPO
Five O'clock / SVOY / Supra / 주얼리 살롱

아르바트 거리의 특징

아드미랄 포킨ул Адмирала Фокина거리를 모스크바의 '아르바트' 거리이름을 따서 '아르바트 거리'라고 부른다. 아무르 만에서 오케안스키 도로까지인 아드미랄 포킨 거리가 2012 SUS APEC 정상회담을 계기로 극동지방의 중심도시로 발전시킨다는 푸틴의 계획아래 도시 정비가 이루어졌고 모스크바의 중심가인 아르바트 거리의 이름을 따오게 되었다. 아르바트 거리는 유럽적 분위기가 물씬 풍기는 명소다. 여느 유럽의 거리처럼 예술적 분위기가 흐르며 아름다운 카페나 고풍스러운 건축물이 많다.

차도가 없는 보행자 천국이라 여유롭게 산책을 하듯 둘러보기 좋으며, 작은 기념품 상점을 비롯하여 쇼핑을 하기에도 안성맞춤이다. 블라디보스토크의 드러그 스토어인 츄다데이Чудодей와 국내보다 저렴한 가격에 판매되는 이브로쉐Yves Rocher 매장은 반드시 들려야할 필수 코스이다.

유럽의 거리처럼 예술의 느낌이 물씬 느껴지는 아르바트 거리는 젊은이들이 주로 찾기 때문에 젊음의 거리라고 부르기도 한다. 아름다운 카페와 고풍스러운 건물들이 있으며 길가의 벤치에 앉아 블라디보스토크의 햇살을 느껴볼 수 있다. 러시아의 예술가가 거주하는 지역이기 때문에 러시아의 문화와 예술도 느낄 수 있다.

알레우츠키 쇼핑센터
Торговый дом Алеутский

아르바트 거리 입구에 있는 쇼핑센터로 츄다데이Чудодей로 쇼핑을 즐기려는 우리나라 관광객이 주로 찾는다. 각 층마다 쇼핑을 할 수 있는 데 서점도 방문해 러시아의 책방도 알아보면 좋은 경험이 될 수 있다.

주소_ ул. Адмрала Фокина, 27
영업시간_ 5~10월 10시~22시, 11~4월 10시~21시
전화_ +7(423) 222-88-77

아르바트 벽화
Адмрала

아르바트 입구 알레우츠키 쇼핑센터에서 해양공원 쪽으로 조금만 걸으면 10번가 건물로 들어가는 통로가 나온다. 이곳이

벽화를 볼 수 있는 장소이다. 많은 벽화는 아니기 때문에 너무 많은 기대는 금물이다.

주소_ ул. Адмрала Фокина, 10

해양공원
Спортивной гавани

아르바트 거리를 따라 내려가면 해양공원이 나오는 블라디보스토크 시민들의 쉼터이기도 하고 여행에 지친 많은 여행객들의 쉼터이기도 하다. 볼거리가 많은 곳은 아니지만 여유롭게 해변 산책로를 따라 걸을 수 있다. 아무르해변을 따라 만들어진 약 2㎞의 메인 산책로는 블라디보스토크의 낭만을 경험하기에 가장 좋은 장소다.
이곳을 중심으로 카페와 레스토랑, 바, 극장이 모여 있어 현지인과 여행객이 즐겨 찾는다. 특히 해질 무렵 로맨틱한 조명이

들어오면 낮과는 다른 연인의 거리로 탈바꿈한다.

아무르스키 해변

바다에서 수영하고 해변에서 일광욕하는 장면과 해양 스포츠를 즐기고 해변 산책로에서 데이트를 즐기는 연인들, 기념사진을 촬영하는 여행자 등 다양한 풍경이 지배하는 아무르스키 해변은 블라디보스토크에서 가장 활력 있는 곳이자 블라디보스토크 시민들의 생활을 가까이 느낄 수 있는 공간이다.

아무르스키 해변

아게안 영화관

아르바트 거리에서 아무르만의 바다가 보이면 왼쪽에 동그란 원형의 건물이 보이는데 이것이 아게안 영화관이다. 9월, 블라디보스토크의 아시아-태평양 영화제가 열리는 장소로 영화관 건물 안에는 레스토랑과 카페가 같이 입점해 있다. 영화관 앞에는 노점거리가 있고 그 안에 '하트Heart'로 된 사랑의 하트가 있다.

덤플링 리퍼블릭

영화관 안에는 2개의 레스토랑이 있는데 싱가포르 딤섬 전문점이 데이트 음식으로 인기를 끌고 있다.

셰프가 음식을 준비하는 과정을 볼 수 있어 더욱 신뢰가 간다. 조그만 만두와 비슷한 샤오마이(6개)가 190루블, 싱가포르 잎차가 50루블이며 주로 딤섬과 면요리, 튀김을 같이 주문한다.

아이들 파크(Children Park)

'Children Park'를 표현할 수 있는 단어가 제한되는 작은 놀이공원이다. 해양공원

에 주말에는 많은 가족단위의 시민들이 즐기는 놀이공원이 아무르만 오른쪽으로 이어진 산책로의 끝에 있다. 해양공원에는 TV 프로그램인 배틀 트립에서 유세윤과 뮤지가 가상체험을 즐기던 조그만 곳도 있다. 초등학교 저학년들이 좋아할만한 테마파크로 크지 않지만 블라디보스토크 유일한 놀이공원에 어린 자녀를 데리고 놀러온 시민들을 만날 수 있다.

공원은 대한민국의 테마파크보다 시설이 떨어지지만 부모가 아이들을 데리고 즐겁게 지내는 모습은 테마파크 못지않은 분위기이다. 놀이시설은 충전식으로 보증금(50루블)을 내고 카드를 구입해 충전해서 놀이시설을 이용할 수 있다.

해산물 마켓(Морепродукты)

해양공원 좌, 우로 있는 해산물 시장은 블라비보스토크의 유명한 킹크랩, 곰새우, 새우를 주력으로 판매하고 있다. 주마ZUMA 레스토랑의 비싼 킹크랩이 부담스럽다면 해산물 시장에서 킹크랩을 먹어

보기를 추천한다. 킹크랩보다 저렴한 곰새우는 블라디보스토크의 주력 해산물이니 반드시 찾는 곳이다. 가장 유명한 시장의 레스토랑은 'ZEYTUN'과 'Chillout Cafe'이다.

사랑의 하트(Heart of Love)

해양공원 좌측의 해산물 마켓에 있는 칠아웃 카페Chillout Cafe 앞에는 하트 모양의 포토존이 있다. 이곳에서 연인들은 해질 때부터 해가 진 저녁에 대부분 사진을 찍는다. 연인뿐만 아니라 가족여행자와 블라디보스토크 시민들도 사진을 찍는 유명 포토존이다.

요새 박물관(Музей крепостм)

요새 박물관은 과거 블라디보스토크의 군사적 요충지로 러시아의 군사적 능력과 전쟁이 주는 역사적 교훈을 보고 느낄 수 있는 곳이다. 러시아 전쟁역사에 관련한 전시관과 러일전쟁과 제2차 세계대전 당시에 사용한 무기들이 전시되어 있다. 과거 전쟁 역사에 관심이 있다면 추천한다.

개장시간_ 10~18시(11~4월 10~17시)
요금_ 200루블

아쿠아리움
(Vladivostok Aquarium / Океанариум)

해양공원의 오른쪽 끝에 수산물시장 위로 올라가면 1991년 7월에 문을 연 아쿠아리움이 있다. 극동의 동해바다와 해변에 사는 수중 생물들을 전시해 놓은 수족관들이 있다.
루스키 섬에 있는 아쿠아리움에 비해 규모가 작아 실망하는 여행자들도 꽤 있다. 이곳은 아이와 함께 블라디보스토크 여행을 하는 부모에게 추천한다.

개장기간_ 10:00~19:00 / 월요일 휴장
공연시간_ 12:30, 15:00, 17:30 공연

해양공원의 즐거움 Best 5

1. 산책로 즐기기

날씨가 좋은 6~10월초까지 해양공원의 산책로는 블라디보스토크의 시민뿐만 아니라 여행자들이 뒤엉켜 산책로를 걸으면서 여유를 즐긴다. 아무리 산책로에 사람이 많아도 많은 느낌보다는 활기찬 분위기를 연출한다. 해양공원의 계단에는 주말마다 항상 망중한 바다를 바라보는 사람들을 볼 수 있다. 실제로 바다를 보면서 한참 앉아있어도 좋다.

2. 수상보트

겨울이 오기 전까지 아무르 만에서 수상보트를 타는 연인과 아이를 태운 보트를 볼 수 있다.

3. 수영과 얼음낚시

여름에는 수영을 겨울에는 바다가 얼면 얼음낚시를 한다. 하지만 겨울에 낚시보다 얼어있는 바다에서 걸어보는 것도 좋은 경험이 될 수 있다. 부동항이라고 하는 블라디보스토크의 다른 모습을 보게 될 것이다.

4. 자전거, 보드, 호버보드

주말에 자전거를 타는 것이 블라디보스토크 시민들의 주된 취미였다면 작년부터 다양한 보드와 호버보드를 즐기는 젊은이들이 많아졌다. 어린 아이들은 조그만 자동차를 빌려서 타는 장면도 보게 된다.

5. 영화

주말이면 아게안 영화관을 찾아 IMAX 영화데이트를 즐기는 현지인들이 많다. 주중에는 한가한 영화관이지만 주말이면 항상 많은 관객으로 붐빈다.

이고르 체르니곱스키 사원

Храм Святого Благоверного князя Игоря Черниговского

디나모 경기장 근처에 있는 정교회 사원으로 연해주 용사들을 기리기 위해 2007년에 건축하였다. 21m의 높이로 2개 층으로 만든 작은 정교회 사원인데 특이한 것은 사원 앞에 서 있는 동상은 사회주의 분위기이다. 일부 가이드북에도 이 사원과 포크롭스키 사원을 혼동하는 경우가 많은 데 포크롭스키 사원Храм Покровский은 도시의 북쪽에 위치한 사원이니 구별하도록 하자.

홈페이지_ www.sv-voin.ru
주소_ ул. Фонтанная, 12
관람시간_ 10~19시
전화_ +7 (423) 269-08-75

혼동하지 말자

포크롭스키 사원(Храм Покровский)

블라디보스토크에는 여러 러시아 정교회가 있는데, 그 중 가장 대표적인 정교회 사원이다. 1897년에 모금을 하여 1900년 5월에 건축이 시작되었고 1902년 9월에 완공되었다. 700명이 넘는 신자들이 예배를 드릴 수 있도록 지어졌고 내부도 금으로 화려하게 장식되었다고 한다. 공산화된 후 철거되었다가 2008년에 재건축되었다.
블라디보스토크에서 가장 규모가 큰 정교회 건물로, 유럽의 건축 양식과 이슬람의 건축 양식이 조화되어 독특한 외관을 갖추고 있다. 금색과 파란색으로 반짝이는 돔을 가진 사원은 블라디보스토크의 포토존 중 하나이다. 입장하려면 남성은 모자를 벗어야 하고, 여성은 천이나 스카프 등으로 머리카락을 가리는 것이 에티켓이다.

홈페이지_ www.vladivostok-eparhia.ru
주소_ Океанский проспект, 44
위치_ 중앙 광장에서 54а, 55д, 98ц를 타고 포크롭스키 파르크역에서 하차(20분 정도 소요)
관람시간_ 10~18시 **전화_** +7 (423) 243-79-93

자매결연 공원

부산광역시와 블라디보스토크는 1992년부터 자매결연을 이어오고 있다. 한국인들도 블라디보스토크를 많이 찾지만, 블라디보스토크 주민들도 부산을 많이 찾는다. 인천-블라디보스토크 노선 항공기를 타면 승객 중 한국인을 많이 볼 수 있지만 해안도시라는 특성이 비슷하여 블라디보스토크 시민들에게는 한국 도시 중에서는 부산이 적응하기 쉬운 친숙한 느낌이다.

특히 겨울철, 블라디보스토크 부호들의 한파 피난처로 부산이 인기가 있다는 이야기도 있다. 블라디보스토크 부호들은 부산이 가까운 도시 중에 겨울철에 매우 따뜻하고 가족과 함께 지내면서 쇼핑이나 의료관광 등을 다니기에도 편리해 부산을 선호한다고 한다.

아무르 디나모 경기장

디나모 프로축구팀의 연습구장으로 사용되는 블라디보스토크 유일한 정식 축구장이다. 추운 블라디보스토크 계절의 특징상 여름에 많은 축제들이 몰리는데 그 축제 중에 많은 여름의 축제는 디나모 경기장을 주로 사용한다. 자매결연 공원 앞에 위치해 있는데 외관은 축구장같지 않아 지나치기가 쉽다.

신 한촌 기념비 & 구 한인거리

1863년 연해주에 한인들의 이주가 시작되면서 블라디보스토크에 신한촌이 형성되었고, 신한촌은 일제 치하 독립운동이 활발하게 이루어졌던 역사적인 장소이다. 도로가 4차선으로 뚫려있는 구 한인거리는 일제에 의해 이곳으로 이주했던 한인들이 또다시 중앙아시아 등으로 강제 이주했다.

1999년 8월 한민족 연구소가 3.1 독립선언 80주년을 맞아 이곳을 기리기 위해 '신한촌 기념비'를 건립했다. 기념비는 3개의 큰 기둥과 8개의 작은 돌로 이루어져 있다. 기념비에는 '민족의 최고 가치는 자주와 독립이며, 이를 수호하기 위한 투쟁은 민족적 정신이며...' 라는 가슴 뭉클한 비문이 새겨져 있다. 가운데는 남한, 왼쪽이 북한, 오른쪽이 해외동포를 뜻한다

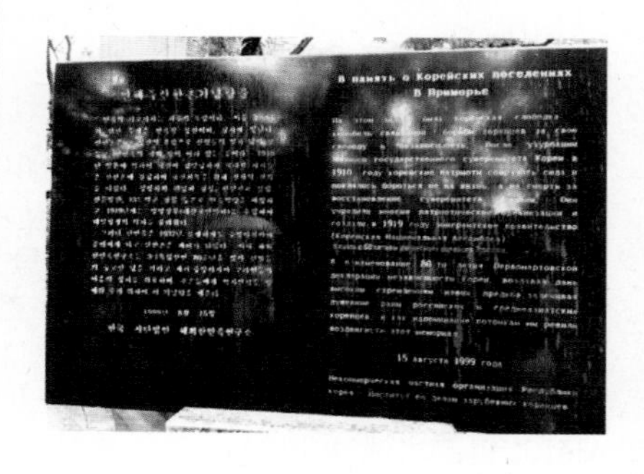

위치_ 중앙 광장에서 54a, 55д, 98ц를 타고 페르바야 레치카(1-я Речка)역에서 하차해 5분정도 도보이동(20분 정도 소요)

주소_ ул. Хабаровская, 26a

신한촌의 역사

조선의 정치 불안과 빈곤으로 한인들의 연해주 이주가 시작되었던 1863년 하산지역 남쪽을 중심으로 최초의 한인촌이 생겨났다. 1870년대 8,400명으로 집계된 연해주 한인 이주민의 수가 1923년에는 12,000명까지 이르게 되었다. 1929년 하산지역 북부 포세에트 항구 한인마을은 한인극장과 문화회관은 물론, 한인자치기관을 두고 있었으며, 행정기관에서는 한글을 사용하는 등, 한인정착이 성공적으로 진행되는 듯 했지만 1937년 소비에트 인민위원회의 강제이주 명령에 의해 2차례에 걸친 연해주 한인 강제이주가 집행되면서 현재 러시아, CIS 국가에 산재해 있던 고려인 동포들의 한과 설움의 역사는 시작되었다.

한인촌은 일제침략 때 항일운동에 크게 기여한 지역으로 많은 독립지사들의 흔적을 찾을 수 있다. 1999년 8월 한민족연구소가 3.1 독립선언 80주년을 맞아 연해주 한인들의 독립운동을 기리고, 러시아에 거주하던 고려인들을 위로하기 위하여 신한촌에 기념비를 설립하였다. 이에 '2002 한-러 친선특급 시베리아철도 대장정'도 항일 독립운동사에 큰 의미를 지니고 있는 신한촌 항일운동 기념비 앞에서 그 첫발을 시작하였다.

서울 거리
(ул. Сеульская, 2a)

신한촌 기념비에서 서쪽으로 15분정도 걸으면 나오는 옛 거리로 매우 낡은 아파트와 차고정도만 남아 있다.

알리스 커피(해적커피)
Allis Coffee

블라디보스토크에서 커피전문점으로 가격이 저렴해 유명하다. 블라디보스토크 시내에 여러 개가 있지만 관광객이 많이 가는 장소는 아르바트 거리의 우흐 뜨이 블린 근처와 연해주향토박물관 건너편길가에 있는 곳이다. 알리스라는 이름보다 '해적(Pirate)'이라는 이름으로 알려져 부르고 있다. 여성 해적의 얼굴이 해적이라는 이름을 붙이게 된 이유이다. 다만 아이스 커피를 주문하면 얼음이 거의 없어 정말 맛없는 커피가 되니 아이스는 주문하지 않는 것이 좋다.

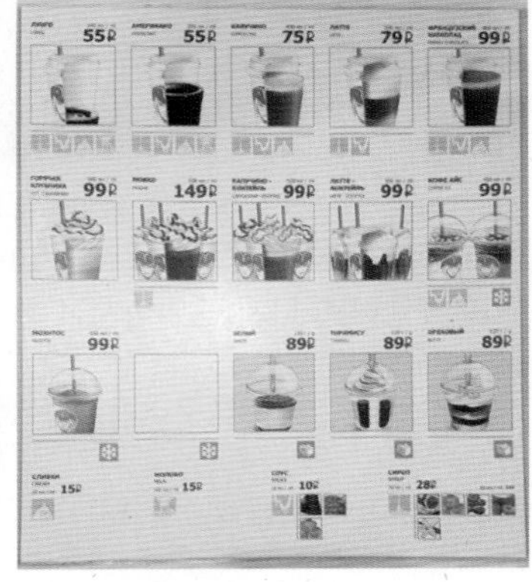

위치_ 아르바트 거리 오른쪽 우흐 뜨이 블린 왼쪽
주소_ ул.АдмралаФокина, 7
영업시간_ 10~20시

우흐 뜨이 블린
Ух Ты Блн

'와우! 블린'이라는 뜻의 팬케이크 전문점으로 입구의 귀여운 요리사 캐릭터가 인상적이다. 러시아어로 팬케이크가 '블린Блн'이다. 블린으로 간단하게 한끼를 먹고 싶은 현지인은 물론이고 관광객이 많이 오는 곳으로 테이블이 거의 꽉 차 있다. 대한민국 관광객도 많이 오기 때문에 한국어 메뉴판도 있으니 주문할 때 활용하면 된다. 한국어로 된 메뉴판을 봐도 블린의 메뉴 종류가 많아 식사를 주문하기가 힘들다.

햄&치즈 블린, 돼지고기 블린, 초콜릿 바나나 블린, 닭가슴살+야채 블린이 인기 메뉴이지만 닭고기와 돼지고기가 들어간 팬케이크는 대부분 입맛에 맞다. 블린을 2개만 먹어도 느끼하기 때문에 탄산음료가 필요하다. 커피를 디저트로 주문해 먹는 경우가 많은데 커피맛이 좋지는 않다. 먼저 주문을 하고 계산을 하고 자리에 앉아 있으면 가져다주는 방식이니 미리 테이블에 앉아서 기다리지는 말자. 필자가 블라디보스토크에서 가장 좋아하는 장소이다.

위치_ 아르바트 거리 오른쪽 해적커피 오른쪽
주소_ ул.АдмралаФокина, 9
영업시간_ 5~10월 10시~22시, 11~4월 10시~21시
전화_ +7(423) 200-32-62
홈페이지_ www.instagram.com/uhtiblin

홈페이지_ www.five-oclock.ru
주소_ ул. Адмирала Фокина, 6
영업시간_ 월~금 08~21시 / 토 09~21시 / 일 11~21시
전화_ +7 (423) 294-55-31

파이브 오클락
Five o'clock

영국 런던의 차Tea전문점을 표방하고 있다. 내부로 들어가면 영국 엘리자베스 여왕의 그림을 보면 분위기를 알 수 있다. 이곳은 유럽의 다른 여행자들이 주로 찾는 티Tea카페로 내부 인테리어를 보러 한번은 찾는 곳이다.
아르바트 거리는 바다를 향해 서서 오른쪽에도 카페는 있지만 오른쪽에 음식점이 주로 배치되어 있고 왼쪽에 카페들이 주로 배치되어 있다. 우흐 뜨이 블린에서 식사를 하고 건너편에 위치한 파이브 오클락으로 커피나 차를 마시러 오는 경우가 많다. 그만큼 우흐 뜨이 블린과 파이브오클락은 아르바트 거리에서 빼놓을 수 없는 음식점과 카페이다.
녹색 체크무늬로 장식된 바탕으로 이루어져 큰 간판은 없고 벽면에 붙은 네모로 된 조그만 글자에 "파이브 오클락(Five o'clock)"이라는 글자가 있다. 창문에도 붙어있기는 하지만 지나칠 수 있으니 잘 살펴봐야 한다. 차와 함께 달콤한 디저트를 후식으로 먹기 때문에 차와 케이크는 인기이다. 날씨가 좋다면 문 바로 앞에 있는 2인용 테이블에서 먹는 것도 분위기 좋고 이국적이어서 추천한다.

수프라
Супра

주마ZUMA와 함께 고급레스토랑의 대명사로 줄을 서서 기다리는 블라디보스토크 시민들의 사랑을 받는 맛집으로 유명하다. 중앙아시아의 코카서스 3국으로 알려져 있는 조지아(러시아어로 그루지야)의 음식을 만드는 고급 레스토랑으로 샤슬릭, 한칼리가 인기가 높아서 미리 예약을 하는 것이 좋다.
현장에서 이름을 적고 기다리면 한참을 기다리기 때문에 이름을 적고 나서 10분 정도 해양공원을 보고 오는 경우도 있다.
하차부리 등의 조지아 음식을 파는 음식점이 블라디보스토크에 여러 곳이 있는데 그중에 가장 유명하다고 생각하면 된다. KBS의 여행 프로그램 베틀트립에서 나와 대한민국 관광객의 사랑을 더욱 받고 있는 음식점이다. 셰프들이 오픈된 공간에서 요리를 만드는 장면을 볼 수 있어 신뢰가 가며 그 옆에서 이야기를 나누면서 음식을 먹는 러시아인들을 보면서 주문한 음식을 먹으면 왜 수프라가 인기가 있는지 이해가 된다.

위치_ 아르바트 거리의 끝까지 걸어가면 해양공원이 나오는 지점의 왼쪽
주소_ ул.АдмралаФокина, 16
영업시간_ 12~24시 **전화_**+7(423) 227-77-22
홈페이지_ www.supravl.ru

주마
ZUMA

수프라와 함께 현지인들이 고급 레스토랑으로 인정하는 곳이다. 우리에게는 킹크랩을 먹기 위해 가는 곳으로 KBS 여행프로그램 베틀 트립에 김옥빈이 킹크랩을 먹은 이후로 킹크랩을 먹기 위해 가는 곳이라는 인식이 생겨난 레스토랑이다. 아르바트 거리에서 떨어져 있어 지도를 보고 찾아가는 여행자를 쉽게 볼 수 있는데 오히려 수산물시장에서 위로 올라가면 1블록 건너편에 있는 것이 더 쉽게 찾아가는 방법이다. 대한민국 관광객이 늘어나 한국어 메뉴판이 있고 음식을 주문하면 요리 전의 음식재료를 확인시켜주고 조리를 해준다. 종업원은 항상 고객이 부르면 재빠르게 다가간다.
요즈음 주마는 서비스요금Service Charge인 팁 10%를 아예 음식가격에 포함시켜 불만을 일으키고 있다. 복장은 너무 캐주얼한 옷은 안 되며 직원을 만져서도 안 되고 다른 곳에서 구입한 물이나 음료수를 먹는 것도 금지한다고 적혀 있다.

킹크랩만을 먹고 싶다면 주마가 아니고 수산물 시장의 음식점들도 판매를 하기 때문에 주마보다 저렴하게 먹을 수 있다. 대한민국보다 상당히 저렴한 가격으로 킹크랩을 고급스럽게 먹고 싶은 관광객이 찾아가는 레스토랑이다. 여럿이 같이 가면 4만 원 정도에 배부르게 고급스러운 분위기에서 저녁식사를 하고 먹을 수 있다.

홈페이지_ www.zumzvl.ru
위치_ 포그라니치나야(ул. Пограничная) 거리에서 250m정도 직진 후, 성당 사거리에서 왼쪽으로 점프(Jump) 건물 지나 90m 지나 오른쪽 건물
주소_ ул. Фон тан ная, 2
요금_ 킹크랩 1kg(2,000루블~), 모듬회(2,200루블), 초밥(970루블), 게살튀김(750루블)
영업시간_ 11~다음날 새벽 02시
전화_+7 (423) 222-2666

블라디보스토크에서 곰새우와 킹크랩 저렴하게 구매하는 방법

블라디보스토크에서 가장 기대하는 먹거리는 단연 킹크랩과 곰새우이다. 누구나 먹고 싶은 킹크랩의 레스토랑에서 가격이 많이 올라가고 있으며 불친절하다는 이야기도 나오면서 여행자들이 새로운 방법을 찾았다. 킹크랩과 곰새우를 구매할 수 있는 방법은 3가지이다.

1. 해양공원의 해산물마켓
블라디보스토크의 해양공원에 있는 해산물마켓은 곰새우와 킹크랩의 품질은 좋지만 가격이 매일 달라진다. 가격이 ㎏당 700루블(한화 14000원) 차이까지 난다고 하여 점점 구매가 줄어들고 있다.

2. 블라디보스토크 공항
블라디보스토크의 공항에서 구입하는 곰새우와 킹크랩은 품질은 좋지만 크기가 작고 의외로 가격이 비싸서 구입하는 경우가 많지 않다.

3. 블라디보스토크 중국시장(재래시장)
블라디보스토크 중국시장에서 곰새우와 킹크랩을 구입하는 경우가 최근에 늘어나고 있다. 재료의 신선도가 좋고 가격도 저렴하기 때문이다.

중국시장 가는 방법

혁명광장에서 31번 버스(버스요금 23루블)를 15~20분정도 타고 '스포르치브나야'라는 방송이 나오면 내린다. 거다란 파이프가 도로를 가로 지르고 파이프를 따라 들어가면 작은 건물이 보인다. 중국시장까지 10여분 걸어가면 된다. "훈춘불고기"라는 간판이 보이고 주차장 방향으로 걸어가면 왼쪽에 건물이 있다. 문을 들어가면 바로 나온다.

▶**주소** : Ulitsa Fadeyeva, 1Г Vladivostok Primorskiy kray 690034
▶**가격**
킹크랩 : 보냉백 1kg(대형 공항: 500루블 / 현지구입 150루블)
곰새우 : 1kg (Дайте пожалуйста медветку 1 кг), 500g (Дайте пожалуйста медветку 500 грамм)
바딴(독도새우) : 1kg (Дайте пожалуйста ботан 1 кг), 500g (Дайте пожалуйста ботан 500 грамм)

조리방법

1. 캄차카 킹크랩 순살, 새우, 곰새우는 커피포트나 전자레인지가 있으면 된다.
2. 냉동상태의 해산물을 러시아식으로 먹기 위해서는 상온에서 자연해동하면 된다.
(순살팩, 곰새우, 새우는 해동 후 바로 시식 가능)
3. 따뜻하게 먹기 위해서는 녹인 후 뜨거운 물에 5분정도 담그고 물을 버린 후 먹으면 된다.

파울라이너 호프브로이 하우스
Paulaner Brauhaus

주마ZUMA레스토랑 옆에 있는 독일 정통 맥주집으로 '주마에서 먹고 파울라이너에서 마신다'라는 문구가 현지인들이 이상적으로 생각하는 저녁식사의 마무리라고 한다. 입구는 주마ZUMA보다 더 인상적인데 가끔씩 파울라이너를 주마로 잘못알고 들어오는 손님도 있다고 한다.

주소_ ул.АдмралаФокина, 2а
영업시간_ 일~목요일 12~새벽1시
금~토 12~새벽3시
전화_+7(423) 262-06-50(예약)

스보이 펫
SVOY fête

아르바트 거리에 있는 분위기가 좋은 레스토랑이다. 축제라는 뜻의 '스보이Svoy'는 내부가 깔끔한 분위기의 레스토랑이다. 우리나라의 김치찌개와 비슷한 러시아 음식인 보르쉬가 인기가 있으며 냄새가 안 나고 부드러운 양갈비 구이, 크림파스타, 버섯스프가 인기 메뉴이다. 레모네이드 음료 등도 독특한 맛이다. 불로 지진 카라멜로 만드는 크림프렐레는 너무 달지만 많이 주문하는 디저트이다.

주소_ ул.АдмралаФокина, Фокина, 3
영업시간_ 5~10월 10시~22시, 11~4월 10시~21시
전화_+7(423) 222-86-67

엘지 브래서리

이즈 브래서리
Lz brasserie

블라디보스토크 시민들이 알아주는 고급 레스토랑으로 유명하다. 샤슬릭과 양고기, 보르쉬가 인기 메뉴이며 샤슬릭은 9가지 종류로 다양한 고기 맛을 즐길 수 있다. 러시아인들도 고급 레스토랑에서 고기와 와인을 마시는 분위기가 있다. 또한 프랑스와 미국인 관광객에게 양고기 맛으로 인기가 높다고 한다.

주소_ ул.Семенобскаяа1d
영업시간_ 12시~24시 금요일 12~02시
전화_ +7(423) 222-25-35

몽마르뜨
Montmartre

관광객보다는 현지의 상류층이 주로 찾는 편안한 카페로 롱아일랜드 아이스 티와 와플, 크레페, 마스카르포 네가 인기가 많다. 러시아 인들도 요즈음 서유럽 분위기나 미국식의 카페가 인기가 높다. 이런 분위기에 딱 맞는 카페이다.

주소_ ул.Семенобскаяа9d
영업시간_ 11시~02시
전화_ +7(423) 241-27-89

멜란지 카페
Mellange Cafe

엘지 브래서리 옆 도로에 있는 카페로 칵테일 음료가 주 메뉴이다. 관광객보다 현지인이 오는 카페이기 때문에 입장하면서부터 신기한 듯 쳐다보기도 한다. 여름에 에어컨이 시원한 카페여서 쉬었다 가기에 좋다.

주소_ ул.Семенобскаяа 2
영업시간_ 12시~24시

피자리올로
Pizzaiolo

블라디보스토크 시내 도처에 있는 피자 전문점으로 다양한 도우를 바탕으로 직접 얇게 만든 피자가 정말 맛있다. 파자에 올라간 치즈와 햄, 샐러드는 꽤 맛있다. 가격은 서울보다 저렴하기 때문에 먹기에 좋고 레몬주스는 신맛이 강하다.

주소_ ул.Семенобскаяа 9
영업시간_ 09시~23시

드바 그루지나
Два грузина

조지아 음식을 파는 레스토랑으로 수프라와 함께 인기 있는 레스토랑으로 수프라는 고급 음식점을 표방하였고 드바 그루지나는 중상가 정도이다.
2명의 조지아인이라는 뜻으로 수프라보다 더 조지아 분위기여서 붉은 벽돌과 의자, 테이블이 다 조지아스타일로 인테리어를 꾸며 놓았다. 샤슬릭, 화덕에 구운 하차부리 등은 수프라보다 더 조지아에 가까운 맛을 맛볼 수 있다.

주소_ ул.Семенобская12
영업시간_ 10~01시
전화_ +7(423) 222-53-93

부리토스
Buritos

터키의 케밥Kebab을 파는 노점들이 아르바트 거리에서 횡단보도를 건너 기찻길이 나오는 거리를 따라가면 케밥을 파는 상점들이 길에 줄지어 서 있는데, 그 중에서 가장 인기가 높은 노점이다. 식사시간에는 케밥이 주로 팔리지만 체부라키(70~80루블) 등이 판매된다.

주소_ ул. Адмрала Фокина, 19

도나르 케밥
Donar kebab

아르바트 거리 맞은편에 체부라키가 인기 있는 케밥집이다. 삼싸, 핫도그와 같이 한 끼를 저렴하지만 맛있게 해결할 수 있다.

샤우르마ШУАРМА | **140루블~**
터키의 전통 케밥을 부르는 러시아어가 샤우르마이다. 고기, 야채 등으로 속을 채우고 철판으로 누르고 전병으로 둘러준다. 철판에서 굽기 때문에 맛이 없을 수 없는 음식이다.

체부라키чебуреки | **140루블~**
기름에 튀겨 반달 모양으로 만든 튀긴 만두라고 생각하면 된다. 추운 러시아에서 아침에 먹으면서 출근하는 러시아인들을 볼 수 있다. 다만 먹다가 육즙이 흘러 난감할 때가 많다.

삼싸Самса | **70루블~**
고기를 굽고 기름에 튀겨 페이스트리에 넣어 화로에서 약간 구워 먹는 우즈베키스탄 전통 만두이다. 한 개를 먹으면 맛있지만 2개부터는 느끼할 수 있다.

주소_ ул. Адмирала фокина, 17

이다 깍 이다

Еда как еда

굼 백화점 뒤로 철도가 지나가는 거리 뒤로 가려면 꽃 시장을 통로를 지나가면 중년의 동상을 보게 된다. 관광객 모두 옆에 앉아 사진을 찍으면서도 누군지는 모르는 동상이다. 겉모습부터 사람의 발길을 멈추게 하는 작은 카페이다. 메뉴가 앞에 나와 있어 살펴보고 들어가 음식을 주문할 수 있다. 주중에 런치세트가 299루블에 판매하고 있어 점심을 이용해 저렴하게 이용해보자.

주소_ ул. Адмирала Фокина, 16
영업시간_ 일~목 11~24시 , 금~토 11~새벽02시
전화_ +7 (423) 240-46-74

카페 웍 타운

Noodle Bar Cafe Wok town

중국음식을 파는 누들 바는 라면과 볶음면을 팔아서 중국인 관광객이 주고객이다. 예부터 블라디보스토크에는 중국과 북한 사람들이 많이 찾은 군사도시여서 중국인을 위한 음식점이다.

라면 속에 고기와 해물, 버섯 등의 재료가 풍부해 추운 겨울에 빈속을 채우기 좋다. 일본식의 돈코츠 라멘과 미소 라멘은 일본 음식이지만 중국식의 일본 라멘 같다.

주소_ ул. Адмирала Фокина, 242
영업시간_ 월~목 12~22시
금~일 11~22시
전화_ +7 (423) 240-89-00

웍 카페
Wok Cafe

정통 중국 요리를 서양식으로 간단하게 만들어 팔지만 인테리어는 고급스러운 카페이다. 꼬치와 볶음밥으로 네모난 상자에 넣어 음식점 밖의 테이크아웃으로도 판매를 하고 있다. 중국으로 사업차 온 중국비지니스맨들의 인기를 끌기 때문에 저녁에 특히 붐빈다.

주소_ ул. Адмирала Фокина, 236
영업시간_ 월~목 12~23시
금~일 11~23시
전화_ +7 (423) 240-86-79

카페 리마
КаФе Лима

최근에 블라디보스토크에는 북아메리카 대륙의 미국과 멕시코 음식을 먹을 수 있는 카페가 젊은이들의 인기를 끌고 있다. 간단하게 먹을 수 있는 햄버거나 샌드위치로 간단하게 한 끼를 때우는 공간이다. 특히 점심 세트메뉴(12~14시)가 350루블로 판매되고 있어 인기다.

주소_ Океанский проспект, 9/11
영업시간_ 12~22시
전화_ +7 (423) 222-16-68

음식 주문에 필요한 러시아어

러시아어를 대부분의 대한민국 사람들은 잘 모른다. 잘 모르는 러시아어 때문에 한국인이 많이 가는 레스토랑과 카페에서는 한국어 메뉴판을 보고 주문하지만 한국어 메뉴판을 보이면 더 비싸게 음식가격을 받는 경우도 발생한다. 조금만 러시아어를 확인한다면 러시아어로 된 메뉴판도 두렵지 않을 수 있다.

샐러드 Салат [살랄]

시저 샐러드 | Салат цезарь | 살랏 체치르
닭고기와 새우를 넣어 만든 신선한 샐러드
닭고기|скурицей[스쿠릿체이] 새우скреветками[스크리벨카미]

올리비에 샐러드 | Салат Оливье | 살랏 올리비에
게살에 마요네즈로 드레싱한 샐러드
게살смясом краба[마샴 크라바]

수프 суп [숲]

크림 | крем | 크렘
시금치 | шпината | 쉬피나타
버섯 | грибной | 그리브노이
보르시 | Борщ | 보르쉬
러시아식의 붉은 색의 전통 수프
우하 | Уха | 우하
생선을 넣고 끓인 꼬꼬면 같은 색의 맑은 수프

고기

소고기 | Говядина | 가뱌지나
돼지고기 | свиниииа | 스비니나]
양고기 | баранина | 바라니나
닭고기 | курица | 쿠리차
송아지고기 | телятина | 텔랴치나
사슴고기 | оле | 오례

해산물

가리비 | МОРСКОЙ ГРЕБЕШОК | 마스코이 그리비쇼크
롤 | Устрица | 우스트리차
조개 | Вонголе | 반골례
농어 | Окунь | 오쿤

술 алкоголь [알카골]

맥주 | пив | 비브
생맥주 | живое пиво | 쥐보이 비바
병맥주 | бутылочное пиво | 부트이로쥐나야 비바
캔맥주 | банка пиво | 반카 비바

보드카 | водка | 보드카
러시안 스탠다드 | Русский Стандарт | 루스키 스탄다르트
벨루가 보드카 | Водка Белуга | 보드카 벨루가

와인 | вино | 비노
레드 와인 | вин красное | 비노 크라스나야
화이트 와인 | вин белое | 비노 벨라야

크랩 КРАБ [크랍]

캄차트카 크랩
КАМЧАТСКИЙ КРАБ
캄찻스키 크랍

케이크 торт [토르트]

티라미수 | Тирамису | 티라미수
치즈 케이크 | Чизкейк | 치즈케이크
나폴레옹 케이크 | Наполео | 나폴레오

블라디보스토크의 독특한 커피 & 카페 Best 10

1. 파이브 오클락(Five o'clock)

아르바트 거리에 진한 차 향기와 케이크로 블라디보스토크 관광객의 발길을 사로잡는 카페이다. 실내가 크지 않지만 아기자기한 영국풍의 디자인과 엘리자베스 여왕의 초상화가 눈에 띈다.
가게 앞에 2개의 의자와 테이블은 연인들의 주요 노천 테이블로 안성맞춤이다. 시내 중심에서 영국의 진한 차를 내려주어 더욱 신선한 디저트를 즐길 수 있다.

홈페이지_ www.five-oclock.ru
주소_ ул. Адмрала Фокина, 6
영업시간_ 월~금 08~21시, 토 09~21시, 일 11~21시
전화_ +7(423) 294-55-31

2. 컨 템포(Con Tempo)

2층으로 이어진 내부로 들어가면 발레를 하는 그림들이 전면에 붙은 새로운 분위기의 카페를 만날 수 있다. 저자 개인적인 느낌은 컨 템포가 더 분위기 좋은 카페로 느낀다. 커피를 마시는 고객이 대부분이지만 컨템포만의 차를 만들어 판매하고 있다. 2층에 있는 카페이기 때문에 접근성이 떨어지지만 파이브오클락Five o'clock처럼 다양한 차의 맛을 즐길 수 있다.

주소_ ул. Адмрала Фокина, 10
영업시간_ 월~금 08~21시, 토 09~21시, 일 11~21시
전화_ +7(423) 294-35-18

3. 카페 오션(Cafe Ocean)

해양공원의 아께안 영화관 안에 위치한 카페로 오전에 한적하게 해양공원을 바라보면서 여행을 즐길 수 있는 카페이다. 영화관 안에 있는 카페이기 때문에 주말에는 인파가 몰려들지만 평일에는 브런치나 커피 한 잔으로 여유로운 하루 여행을 시작할 수 있다.

주소_ ул. Набережная, 3
영업시간_ 09~22시

4. 프로커피(PrpКофий)

개인적으로 마셔본 블라디보스토크 커피 중에 가장 맛있는 커피라고 생각하는 곳으로 바리스타의 손길이 느껴지는 커피 전문점이다. 블라디보스토크에서 커피를 카페에서 디저트와 함께 마시는 것이 일반적이지만 생활수준이 올라가면서 커피만 파는 전문점도 생겨나고 있다. 버섯시럽을 넣고 오미자로 디자인한 타이가(158루블)와 카푸치노가 인기를 끌고 있다. 관광객은 거의 다 커피 위에 디자인이 아름다운 라프커피(218루블)를 주문한다.

주소_ ул. Адмрала Фокина, 22
영업시간_ 화~금 09~21시,
토~일 10~21시(월요일 휴무)
전화_ +7(914) 737-02-03

5. 넘버 원 커피 플레이스(No1. Coffee Place)

스카이시티Skycity 빌딩 1층에 있는 커피 전문점으로 바쁘게 지나가는 블라디보스토크 시내를 바라보기에 좋은 카페이다. 단순한 인테리어에 커피를 한잔 마시기 좋은 한국식의 커피를 내준다. 연인과 친구와 커피를 마시며 밀린 이야기를 하기 좋은 장소이다. 중앙 광장으로 내려오는 6차선의 도로는 바쁜 블라디보스토크의 도시 모습을 볼 수 있다.

주소_ ул. Алеутская, 39
영업시간_ 10~22시

6. 샤칼라드니차(Шоколадница Кореука)

중앙 광장에서 아르바트 거리로 가는 도로에 있는 현지인이 아침 일찍부터 찾는 음식점이다. 특히 닭다리는 우리가 먹어오던 닭다리와 비슷해 친숙한 맛이다. 다른 밥이나 반찬들도 우리가 먹던 것과 보기에는 비슷하지만 맛은 다르기 때문에 잘 보고 선택해야 한다.
선택한 음식대로 가격이 매겨지기 때문에 적당하게 먹을 만큼만 선택해야 한다. 추운 겨울날 핫초코(가라치 샤칼라트горячий шоколад)를 주문하면 걸쭉한 초콜렛이 나오는 것 같지만 먹으면 속이 따뜻해지면서 따뜻함을 느끼게 된다.런치 세트에만 저렴하게 판매하는 음식이 있어 추천한다.

홈페이지_ www.shoko.ru/vladivostok
영업시간_ 08~24시
주소_ Ул. Светланская, 13 **전화_** +7(423) 241-18-77

7. 메마 카페(Mema Cafe)

굼ГУМ백화점 입구에서 왼쪽에 있는 카페로 중앙 광장을 바라볼 수 있는 장소에 있어 좋다. 커피뿐만 아니라 케이크도 상당히 달고 맛있다. 퇴근에 맞춰 많은 사람들로 붐비는 장소로 낮시간에 갈 것을 추천한다. 커피의 맛을 진하게 우려내는 커피는 블라디보스토크의 진한 여행 추억을 만들어 낼 수 있다.

주소_ ул. Светланская, 35
영업시간_ 10~22시
전화_ +7 (423) 222-20-54

8. 리몬셀로(Limoncello)

피자와 파스타를 주로 판매하는 곳이지만 빵과 피자, 파스타 등과 진한 커피 맛을 제공한다. 프랑스 스타일의 내부는 마치 프랑스에 있는 듯한 느낌을 갖는다. 바게뜨 빵과 커피가 일품이며 현지인이 주로 찾는다. 케이크도 상당히 맛이 좋아 여성들이 많이 찾는다.

주소_ ул. Алеутская, 42
영업시간_ 10~22시

9. 카페마(Kafema)

직접 로스팅한 커피로 인기를 끌고 있는 커피전문점이다. 내부로 들어서면 커피 향으로 차있는 분위기에 매료되는 여성들이 많다. 직원이 커피를 추천해주기도 하고 직접 내려주기도 하지는 진한 사이폰(200루블)과 카푸치노(150루블)를 만날 수 있다. 대부분 중앙광장 인근 지점에 방문하지만 클로버하우스 근처에도 있다.

주소_ ул. Светланская, 17
영업시간_ 08~20시
전화_ +7 (423) 267-87-88

주소_ ул. Мордовцева, 3
(클로버 하우스 지점)
영업시간_ 월~금 08~19시
토~일 09시30분~19시
전화_ +7 (423) 249-96-99

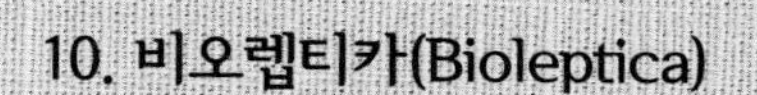

10. 비오렙티카(Bioleptica)

여행을 주제로 한 내부 인테리어가 인상적인 커피 전문점으로 남미 커피를 맛볼 수 있는 곳이다. 병에 담은 콜드 브루를 맥시코원두로 담은 크리올로가 특히 맛이 좋다. 겨울에는 뜨듯한 코코아가 추운 몸을 데워준다.

영업시간_ 월~금 08~21시 / 토~일 10~21시
주소_ ул. Мордовцева, 6
전화_ +7 (423) 240-05-44

SLEEPING

블라디보스토크 여행에서 관광객에게 가장 좋은 숙소의 위치는 아르바트 거리와 중앙광장, 기차역 부근이다. 물론 아르바트 거리가 가장 좋지만 비싸다. 중앙광장 근처에 많은 호텔과 호스텔이 있다. 어디에 숙소를 잡아야할 지 고민이 된다면 기차역보다는 중앙광장 근처에 숙소를 예약하는 것이 좋다. 아르바트 거리에서 가까워 도보로 이동이 가능하고 밤에도 위험하지 않다.

여름에도 덥지 않은 블라디보스토크의 숙소에는 에어컨이 없고 선풍기만 있는 곳이 많다. 북유럽의 여러 호텔도 에어컨이 없는 숙소가 많은 것처럼 같은 북방의 러시아도 블라디보스토크도 마찬가지 이유이다. 그렇지만 지구온난화로 최근에는 블라디보스토크도 더울 때가 많다.

현대호텔
Hyundai Hotel

블라디보스토크에는 서울 계동의 현대그룹 본사 사옥과 똑같이 생긴 건물이 있어서 블라디보스토크를 처음 방문하는 한국 사람들을 당황하게 하는데 이는 사실 현대에서 운영하는 현대호텔로 1990년대에 처음 지어질 때 현대그룹 본사 사옥과 똑같은 디자인으로 지어진 것이다.

블라디보스토크에 있는 호텔 가운데 가장 시설이 좋은 5성급 호텔이다. 우중충한 외관과 달리 내부 시설은 한식당도 있고 상당히 훌륭하기 때문에 비즈니스를 하는 사람들이 많이 찾는다. 가격은 굉장히 높지만 블라디보스토크의 숙박업소 가운데 사우나와 한식당까지 갖춘 곳은 현대호텔이 거의 유일하다.

홈페이지_ www.hotelhyundai.ru
주소_ ул. Светланская, 29
전화_ +7 (423) 240-22-33

아지무트 호텔
Azimut Hotel

아직은 호텔이 많지 않은 블라디보스토크에서 패키지 여행상품이 가는 아지무트 호텔이다. 대한민국의 여행자는 다 아지무트Azimut 호텔에 묵는 것처럼 보일 정도이다. 그만큼 블라디보스토크 숙소 선택의 폭이 넓지 않다.
바다를 볼 수 있는 경관이 장점이지만 룸 내부는 작아서 불편할 수도 있다. 해양공원이 가까워 밤에 이동하기에 좋다.

홈페이지_ www.azimuthotels.com
주소_ ул. Набережная, 10
전화_ +7 (423) 231–19–41

베르사유 호텔
Versailles Hotel

블라디보스토크 기차역에서 가까운 아무르만에서 5분정도의 거리에 있는 저렴한 호텔이다. 냉장고와 에어컨, 드라이기까지 비치되어 여성들이 좋아한다. 아르바트 거리도 가깝기 때문에 여행하기에 편리하다.

주소_ ул. Светланская, 10
전화_ +7 (423) 222–20–54

젬추지나 호텔
Жемчужина Hotel

가격도 저렴하고 직원들의 친절하여 자유여행자들에게 인기가 있는 호텔이다. 블라디보스토크 기차역에서 가깝고 크지만 오래된 호텔이라 오래된 내부 인테리어는 감안하고 지내야 한다. 스튜디오Studio룸은 새로 인테리어를 하여 쾌적하다. 조식이 뷔페로 든든하게 먹을 수 있는 장점이 있다.

홈페이지_ www.gemhotels.ru
주소_ ул. Бестужева, 29
전화_ +7 (423) 230-22-41

프리모리예 호텔
Primorye Hotel

50년 넘게 블라디보스토크를 대표하는 호텔로 자리매김한 호텔이자 블라디보스토크 기차역 건너편에 위치하여 기차역을 이용하는 관광객이 가장 좋아하는 호텔이다. 5층 건물에 120개의 객실까지 갖추어 예약에 여유가 있지만 최근 여름에 늘어난 관광객으로 빨리 예약해야 한다.

홈페이지_ www.hotelprimorye.ru
주소_ ул. Посьетская, 20
전화_ +7 (423) 241-14-22

테플로 호텔 & 호스텔
Teplo Hotel & Hostel

20여개의 호텔과 도미토리 호스텔이 있다. 특징있는 소파에 벽난로와 갈색의 입구가 인상적이다. 취사를 할 수 없어 호스텔이기보다 저렴한 숙소로 활용해야 하여 호텔이 만족도가 높다. 작은 호텔이지만 조식이 잘 나와 여행자들이 좋아한다.

홈페이지_ www.teplo-hotel.ru
주소_ ул. Посьетская, 16
전화_ +7 (423) 290-95-55

아스토리아 호텔
Astoria Hotel

2014에 오픈한 가장 최신 시설을 가지고 있는 호텔이지만 시내 중심에서 떨어져 있다. 포크롭스키 성당이 있는 곳이어서 아르바트거리까지는 20분 이상 걸어가야 하기 때문에 불편하기는 하지만 직원들이 친절하고 조식의 맛이 특히 좋다. 1층의 오그넥 레스토랑의 인기가 높으며 비즈니스 고객들이 많다.

홈페이지_ www.astoriavl.ru
주소_ ул. проспект, 44
전화_ +7 (423) 230 20-44

시비르스코에 포드보리에 호텔
Сибирское подворье Hotel

위치가 시내에서 약간 멀다는 단점에도 숙소는 깨끗하며 룸 내부가 넓어 숙소를 편안하게 만들어준다. 조식도 좋고 영어로 의사소통이 가능한 친절한 직원까지 단점을 찾기 힘들다. 에어컨도 잘 나와 가족단위의 여행자가 특히 좋아한다. 호텔의 홈페이지를 이용하면 5%의 할인을 받을 수 있다.

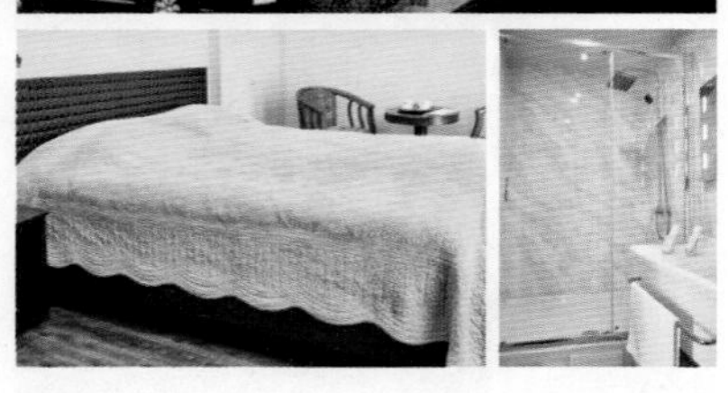

홈페이지_ www.otelsp.com
주소_ ул. Океанский пр, 26
전화_ +7 (423) 222-52-66

선라이즈호텔
Sunrise Hotel

간단한 조리시설인 전자렌지와 인덕션 등이 있어 조리가 가능해 자유여행자에게 인기가 높은 호텔이다. 블라디보스토크 기차역에서 5분 정도의 거리에 있어 시내 중심으로 이동이 쉬우며 공항까지 셔틀버스를 타고 갈 수 있도록 배려하고 있다.

홈페이지_ www.sunrisehotel.ru
주소_ ул. Иолтаная, 9
전화_ +7 (423) 230-22-59

이즈바 호스텔
IZBA Hostel

2017년에 새로 오픈하여 최신 시설을 자랑하는 유명한 호스텔로 오두막 같은 독특한 분위기가 인상적이다.

아르바트 거리와 가까워 여행하기에 좋아 많은 여행자들이 찾는 호스텔이지만 작은 공간이 불편한 단점이 있다.(개인 사물함은 200루블의 보증금이 필요)

홈페이지_ www. izba-hostel.ru
주소_ ул. Мордовцева, 3
전화_ +7 (423) 290-85-08

옵티멈 호스텔
Optimum Hostel

율 브리너 생가 바로 옆에 있는 호스텔로 중앙 광장에서 3분 거리에 있는 인기있는 호스텔이다. 많은 대한민국 젊은 여행자들이 찾는 호스텔로 어디를 가도 안전

하게 여행이 가능하다. 깨끗한 시설이지만 침상이 오래되어 스프링이 눌리는 단점이 있다.(개인 사물함은 200루블의 보증금이 필요)

홈페이지_ www.optimum-hostel.ru
주소_ ул. Алеутская, 17
전화_ +7 (423) 272-91-11

아트 앤 모어 갤러리 호스텔
Art & More Gallery Hostel

통나무집을 개조해 원색으로 인테리어 된 호스텔로 아르바트 거리 중심에 있어 위치가 가장 장점인 호스텔이기 때문에 항상 예약자로 넘친다. 취사가 불가능한 호스텔이지만 근처에 카페와 레스토랑이 즐비해 취사는 불필요할 정도이다.

홈페이지_ www.galleryandmore.ru
주소_ ул. Адмрала Фокина, 45
전화_ +7 (924) 738-67-90

VLADIVOSTOK
Первая Речка
Pervaya Rechka
SNEGOVAYA ST
УЛ. СНЕГОВАЯ
УЛ. ВЫСЕЛКОВАЯ
257 г. Холодильник
Holodilnik mt.
Старое кладбище
Staroe cemetery
102 г. Саперная
Sapernaya mt.
УЛ. КОТЕЛЬНИКОВА
KOTELNIKOVA ST
УЛ. АДМИРАЛА ЮМАШЕВА
ADMIRALA YUMASHEVA ST
ЗЕЛЁНЫ
ZELEN
УЛ. ЛУГОВАЯ
212 г. Шошина
Shoshina mt.
231 г. Комарова
Komarova mt.
Парк Минный городок
Park Minny Gorodok
286 г. Буссе
Busse mt.
ЛУГОВАЯ
LUGOVAYA
Площадь Луговая
Lugovaya square
Фуникулер
Funicular (Cable Railway)
Владивостокский государственный цирк
Vladivostok State Circus
УЛ. СВЕТЛАНСКАЯ
УЛ. ПУШКИНСКАЯ
ЦИРК
CIRCUS
УЛ. ВОРОПАЕВА
VOROPAEVA ST
УЛ. ФАДЕЕВА
FADEEVA ST
Объяснения
УЛ. БОРИСЕНКО
40 LET VLKSM ST
УЛ. 40 ЛЕТ ВЛКСМ
ДВГТУ
FESTU (Far Eastern State Technical university)
Пушкинский театр
Pushkin Theatre
МАЛЬЦЕВСКАЯ
MALTSEVSKAYA
BAY
ROG
Золотой мост
Zolotoy Bridge
МЫС ЧУРКИН
MYS CHURKIN
KALININA ST.
УЛ. КАЛИНИНА
УЛ. ЗАПОРОЖСКАЯ
Приморская сцена Мариинского театра
Primorye stage of Mariinsky Theatre
УЛ. ХАРЬКОВСКАЯ
HARKOVSKAYA ST.
ЧУРКИН
CHURKIN
138 г. Бурачок
Burachok mt.
Площадь Окатовая
Okatovaya sq.
ТЕАТР ОПЕРЫ И БАЛЕТА
OPERA HOUSE
УЛ. ОЛЕГА КОШЕВОГО
OLEGA KOSHEVOGO ST
УЛ. ГЕРОЕВ-ТИХООКЕАНЦЕВ
УЛ. ЧЕРЕМУХОВАЯ
УЛ. КОММУНА
г. Монастырь
Monastyr

블라디보스토크
공항
공항기차 60분 / 버스 60~80분 소요
차량 30분 소요
글라스비치
아무르 만
블라디보스토크
버스 50분 소요
루스키 다리
우수리스크 만
버스 1시간 30분 소요
극동연방대학교
(루스키 섬 북부)
토비지나 곶
(루스키 섬 남부)

블라디보스토크 근교 여행하기

블라디보스토크 기차역에서 연해주청사, 아르바트 거리, 해양공원으로 가볍게 걷다가 해양공원에서 여유로움을 즐기다 식사를 하기위해 아르바트 거리 주변을 걸어 다니면 저녁에 가볍게 맥주한잔하고 숙소까지 걸어올 수 있을 것이다. 블라디보스토크를 1일 동안 조금 바쁘게 움직여 여행을 해보면 길이 단순하여 처음 방향만 잡으면 지도 없이 다녀도 전혀 무리가 없다는 사실을 알 수 있다.

블라디보스토크 시내는 아니지만 꼭 다녀와야 할 관광명소가 3곳이 있다. 일제강점기 우리나라 선조들이 자리 잡았던 신한촌과 블라디보스토크를 한눈에 담을 수 있는 독수리 전망대까지 러시아의 매력을 충분히 경험할 수 있다. 또한, 관광보다 휴양을 경험하고 싶다면, 극동지역 최고의 휴양 섬인 루스키 섬을 추천한다.

하루 동안 루스키 섬과 독수리 전망대는 한 번에 다녀올 수 있다. 15번 버스를 타고 가장 먼저 먼 거리에 있는 루스키 섬으로 이동하자. 버스정류장을 몰라 혼동된다면 클로버하우스 앞에서 대부분의 버스가 있기 때문에 버스는 중앙 광장 건너편에서 도로를 따라 올라가면 나오는 버스정류장에서 15번 버스나 클로버하우스에서 시작하면 된다.

15번 버스는 루스키 섬을 가는 버스이기 때문에 루스키 섬을 다녀왔다가 올 때 내리면 동선에 딱 맞고, 16번 버스는 개선문을 지나 내리면 도로 앞에 덩그러니 내려 당황할 수도 있다.
루스키 섬은 블라디보스토크 시민들이 하루코스로 다녀오는 장소로 해양공원에서 바다를 즐기기보다 루스키 섬에서 해변을 즐기는 경우가 많다.

15, 16번 버스정류장

독수리 전망대는 15번 버스를 타고 루스키 섬에서 돌아올 때 푸니쿨라 역에서 내리거나, 16버스를 타고 내려서 왼쪽으로 난 도로 밑으로 내려가 다시 왼쪽으로 돌아 원으로 된 조그만 공원을 지나면 다시 왼쪽으로 올라가는 육교가 나온다. 이 육교만 지나면 독수리 전망대가 눈에 들어오기 때문에 육교를 지나는 것이 관건이다.

푸니쿨라는 15번 버스 오른쪽에 있다. 금각교를 따라 올라가다보면 독수리전망대로 향하는 케이블카 승강장이 푸니쿨라이다.
신한촌은 아침 일찍 다녀오던지 루스키 섬과 독수리전망대를 다녀오고 신한촌을 다녀와야 한다. 독수리전망대는 해질 무렵부터 저녁 야경이 아름답다고 소문이 났는데 한꺼번에 보는 방법은 여름에는 7시 정도에 가서 해지는 장면부터 저녁까지 보고 오는 방법과 신한촌에서 택시를 타고 다녀오는 방법이 가장 좋다. 아름다운 야경의 금각교를 보고 나서 버스로 이동하는 것이 걱정된다면 택시를 이용하는 것도 안전하게 편안하게 시내로 돌아오는 방법이다.

독수리 전망대에 오르면 블라디보스토크 항구가 모두 내려다보인다. 태평양을 향해 뻗은 유라시아대륙의 끝 블라디보스토크를 보여주듯, 항구와 역 넘어 넓은 바다가 펼쳐진다.

루스키 다리
Russian Bridge

루스키 섬의 극동 연방대학교에서 해안을 바라보면 금각교와 비슷한 다리가 보이는데 이 다리는 루스키 다리라고 부르지만 정식 명칭은 '러시아 대교Russian Bridge'로 미국 샌프란시스코의 현수교를 본 따 만들었기 때문에 금각교와 루스키 다리는 같은 현수교로 만들어져 있다.

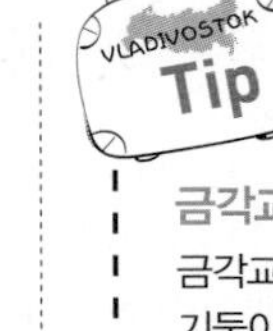

금각교와 루스키 다리 차이점

금각교와 같은 방식의 현수교로 금각교는 기둥이 벌어져 있고 루스키 다리는 안으로 모아져 있는 점이 다르다.

루스키 섬
Русский/Остров Русский

푸틴 대통령이 루스키 섬에서 2012년 APEC 정상회담을 개최한 것은 각국의 투자를 유치해 블라디보스토크 개발의 발판으로 삼기 위한 것이었다. 블라디보스토크 시내가 유럽의 옛 분위기가 나타나 있다면 루스키 섬은 현대적이고 세련된 분위기를 표현하고 있다.

당시에는 한국이나 중국 관광객을 위한 카지노 등 위락시설을 건설한다는 계획까지 다양했지만 러시아의 우크라이나 침공 등의 사태가 발생하면서 대부분 중단된 상태이지만 지속적인 관심으로 관광객유치는 지속적으로 이루어지고 있으며 루스키 섬도 유원지로 개발이 되어 가고 있다.

극동연방대학교
Far Eastern Federal University

블라디보스토크 시내와 루스키 섬은 사실 '금각교와 루스키교'라는 두 개의 거대한 현수교 교량으로 연결되어 있다. 이 교량들은 2012년 루스키 섬에서 개최된 제 24차 APEC 정상회담을 앞두고 완공됐다. 당시 정상회담은 루스키 섬에 위치한 극동연방대학 캠퍼스 내에서 개최됐다.

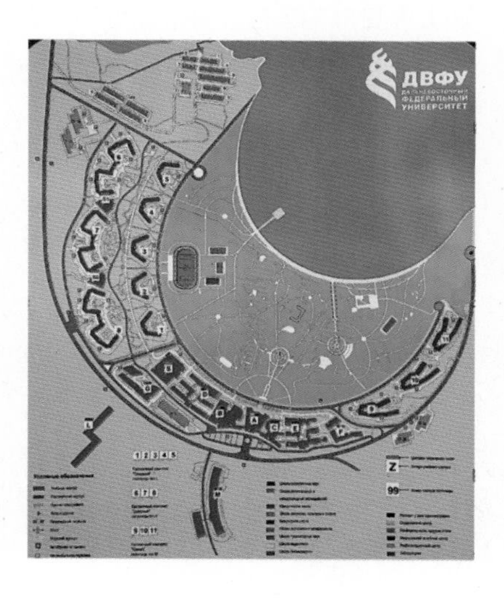

극동대학과 극동의 다른 대학들을 통폐합해 연방대학으로 승격된 교육기관이다. 푸틴의 극동 대외정책으로, 연해주 지방 모든 대학을 하나로 통합하여 완성되었다. 푸틴의 극동정책 출발점인 2012년 APEC 개최를 추진하던 중, 루스키 섬에 루스키 대교와 APEC 회담용 건물들을 지었는데 APEC 회담 후에는 연해주 모든 대학을 통합하여 APEC 개최지로 사용한 루스키 섬 건물을 통합 대학 캠퍼스로 활용하려는 계획을 세우고 추진되었다. 행사가 있을 때는 국제컨벤션기구로 활용하고 평시는 대학 캠퍼스로 활용한 셈이다. 러시아에서 명문대학으로 통하는 이 대학의 재학생은 3만5000명, 교수는 8000명에 달한다.

대학 총 통폐합에서 살아남은 대학이 있다. 블라디보스토크 국립 경제 서비스 대학의 경우는, 극동'연방'대학으로 통폐합될 계획이었다. 그러나 극동대-경제대 양강구도와, 경제서비스대학의 미대, 외국어, 공대의 특유 외국 유명세로 통합에서 유일하게 벗어날 수 있었다고 한다. 그러나 단순히 연해주에서 가장 큰 사학재단, 부자대학, 지역의 졸업 유지들의 힘이 작용했다는 이야기도 전해진다.

위치_ 15, 29д번 버스 타고 루스키 다리를 건너 바로 내려 해변 방향으로 내려감(극동연방대학을 보려면 다음 정거장에서 내리면 극동연방대학교가 나옴)

동방경제포럼
Eastern Economic Forum

2015년부터 러시아 정부가 동러시아 지역의 개발을 위해 투자를 유치하고 주변국과 경제 협력 활성화를 목적으로 매년 개최되는 포럼이다. 3회 포럼이 2017년 9월 6~7일 러시아 블라디보스토크 극동연방대학교에서 한중일 정상과 3국의 고위관료와 기업인 등이 참석하여 개최되었다.

2017년, 북핵문제로 국제사회의 뜨거운 이슈일 때 문재인 대통령이 블라디보스토크를 방문해 푸틴 대통령과 정상회담을 벌인 장소이기도 하다.

아쿠아리움
Vladivostok Aquarium / Океанариум

해양공원의 오른쪽 끝에 수산물시장 위로 올라가면 용상어 등의 물고기가 헤엄치는 모습을 볼 수 있다. 고래사육장을 볼 수 있는 블라디보스토크 아쿠아리움은 1991년 7월 문을 열었다. 일본의 장비를 가져와 해양수족관과 해양박물관 두 구역으로 나누어 만들었다. 극동바다와 해변에 사는 수중 생물들을 전시해 놓은 수족관들이 있으며 18세기에 멸종된 스텔레로바아Stellerovaya cow의 두개골과 고대의 물고기, 조개 등이 전시되어 있다. 이곳의 전시물은 86종에 1800개에 이르는데 용상어도 있어 사람들의 눈길을 끌고 있다.
희귀한 흰 고래와 바다표범 등을 키우고 또 다른 구역에는 특이하게도 고래를 키우고 있다. 그 중에서도 희귀한 흰 고래와 바다표범 등을 키우고 있어 이곳은 블라디보스토크를 방문한 사람들에게는 꼭 한 번 와봐야 할 곳으로 지목되고 있다.

관람시간_ 10:00~19:00
12:30, 15:00, 17:30 공연(월요일 휴장)

토카렙스키 등대
Токаревский маяк

블라디보스토크 남단의 낫처럼 튀어 나온 땅 끝에 위치한 등대로 표토르 대제만을 탐험한 에게르셀드의 이름을 들어 에게르셀드 등대라고 부르기도 하지만 정확한 명칭은 토카렙스키 등대이다. 부동항 찾기에 온 힘을 쏟던 러시아는 새로운 항구를 찾아 임무를 에게르셀드에게 주었다. 그는 1858년 군함 그리덴호를 이끌고 상트페테르부르크에서 동해까지 오면서 블라디보스토크를 찾았고 블라디보스토크 초소를 지키라는 임무를 맡게 되었다. 1876년부터 1910년까지 단순한 불빛만 비추다가 높이 12m의 붉고 하얀 색으로 된 조명을 가진 등대를 조수간만의 차이가 심한 표트르 대제 만에 세우게 된다.
썰물 때만 진입로가 나오고 긴 거리의 길을 걸어야 등대가 나온다. 59, 60, 81번 버스를 타고 종점에서 내려 다시 30분을 더 걸어야만 등대를 볼 수 있어서 대부분 택시를 타고 등대 앞에서 내리게 된다. 등대를 보고 나와 들어갈 때 탄 택시를 다시 타고 나오는데 택시비는 550루블 정도이다.

위치_ 59, 60, 81번 버스를 타고 종점까지 가서 내려 30분 정도 도보로 이동(더운 여름이라면 택시를 타고 가는 것이 편리)

토비지나 곶
Мыс Тобизина

바틀리나 곶의 서쪽에 위치한 전망대에서 돌로 쌓은 길을 따라 가면 오른쪽으로 툭 튀어나온 곳이 토비지나 곶이라고 한다. 블라디보스토크에서 가장 아름다운 풍경을 나타내는 장소이지만 가는 것이 쉽지 않다. 특히 바람이 많이 불어 바람막이나 가을에는 외투가 반드시 필요하다. 왕복으로 3시간 이상 소요되기 때문에 하루 내내 시간을 비워두는 편이 좋다. 버스는 29д(돌아올 때 이용)가 간다고 하지만 택시를 타고 이동해야 편리하다.(쿠폰 이용추천)

글라스 비치
Glass Beach

우스리 베이의 글라스비치는 블라디보스토크 시민들도 잘 모르는 비밀스러운 장소이다. 사실 이 해변은 다채로운 절경으로 새롭게 떠오르는 인기 지역이 되어가는 곳으로 해변을 가득 채운 오색빛깔의 조약돌에 매료되어 찾는 데, 조약돌에는 남다른 비밀이 있다. 이곳은 오래된 유리병을 버리는 거대한 쓰레기 처리장이었는데 여기저기 널린 날카로운 유리 조각 때문에 사람들의 발길이 끊어진 장소였는데 파도가 수십 년간 끝없이 유리 조각을 다듬은 것이다.

유리와 사기들이 깨진 조각들이 파도와 오랜 시간을 거치면서 아름다운 해변에 반짝이는 비치로 거듭난 해변을 블라디보스토크시 정부는 특별한 해변을 특별자연보호구역으로 지정해 관리하고 있다. 둥글둥글한 돌이 투명한 바닷물에 비치는 장면은 어디에서도 쉽게 볼 수 없는 곳으로 블라디보스토크 시민들이 기족여행으로 캠핑 장비를 가지고 와서 텐트를 치고 수영을 하고나서 샤슬릭 등의 고기도 구워먹는 장소로 변모하고 있다.

시베리아 횡단 열차

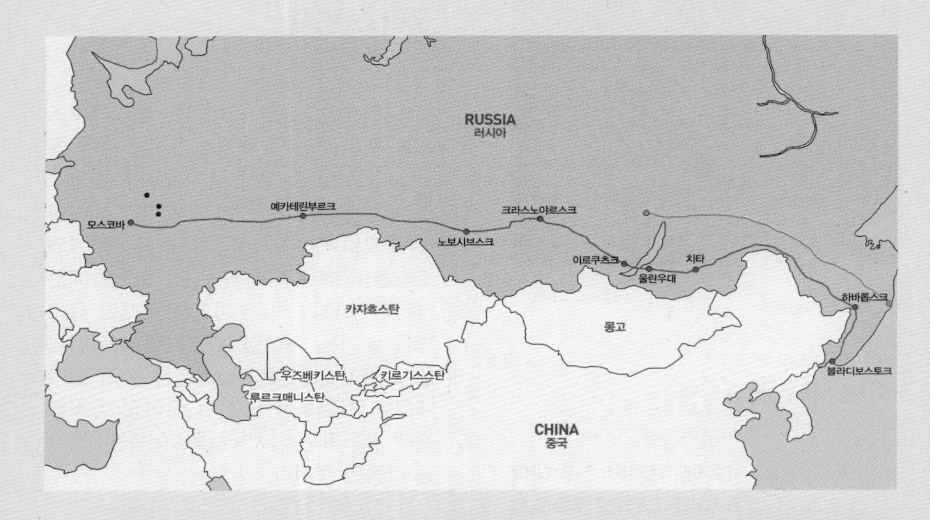

러시아 철도의 총 길이는 14,000㎞로 지구를 세바퀴 반이나 도는 거리이고 시베리아 횡단 철도의 총 길이는 9,288㎞라고 한다. 이것은 세계철도의 약 10%에 해당하는 거리라고 하니 대단하다고 말하지 않을 수 없다. 러시아는 특히 도시와 도시를 연결하는 수단으로 철도에 의지하는 비중이 높다.
열차는 스콜라스누이Скоростной는 특급, 스콜루이Скорый는 급행, 팟사지르스키Пассажирский는 여객열차로 총 3가지로 나누어져 있다.

등급

러시아의 철도는 침대칸(스파리누이바곤СпальныйВагон)과 일반 좌석칸(팟사지르스키바곤ПассажирскийВагон)으로 나눈다.

침대칸

▶1등석

페르비클래스1-й Класс나 류크스Люкс라고 부른다. 피르멘누이포에스트(○○호에 이름붙인 열차)라고 부르는 1등석은 2개의 침대가 마주보고 놓인 2인용 객실로 낮에는 침대를 소파로 사용한다. 창가에 꽃이 장식되어 있거나 질 좋은 카펫도 깔려 있어 1등석이라는 티가 난다.

가끔 객실 사이에 세면대가 설치되어 있기도 하고 샤워 시설도 준비되어 있기도 하지만 매번 같지는 않다.

▶2등석

프타로스클래스(2-й Класс)라고 부르는 2등석은 크페이누이(Купейный), 더 줄여서 크페(Купе)라고 말하기도 한다. 2단 침대를 마주보게 설치한 4인용 객실인데 침대가 접지 못하고 올라갈 수 있는 사다리도 없어서 2층 침대칸은 더 저렴하다. 하단 침대에는 좌석 아래에 짐을 수납할 수 있는 박스가 있지만 상단 침대는 통로의 천장에 있는 공간에 짐을 밀어 넣어야 하는 힘든 점이 있다.

▶3등석

프라츠카르트누이라고 부르는데 마주보는 침대와 통로 방향의 침대가 6명으로 최대 9명까지 수용할 수 있다. 개인실이 아니고 모르는 사람과 단둘이 있는 게 아니어서 마음이 더 편할 수도 있다. 러시아 사람들을 관찰하기에 좋은 장점이 있지만 하단 침대를 제외하고는 짐 넣을 곳이 없는 불편함과 번잡한 것을 싫어하는 여행자는 힘들 수도 있다.

시간 체크하는 방법

러시아 철도는 모스크바 기준으로 운행이 된다. 그래서 모스크바와 시차가 없는 곳이라면 문제가 없지만 광대한 국토를 가진 러시아는 지역마다 시간이 다르다. 이르쿠츠크는 4시간의 시차가 있고 하바롭스크와 블라디보스토크는 7시간의 시차가 있다. 즉 이르쿠츠크를

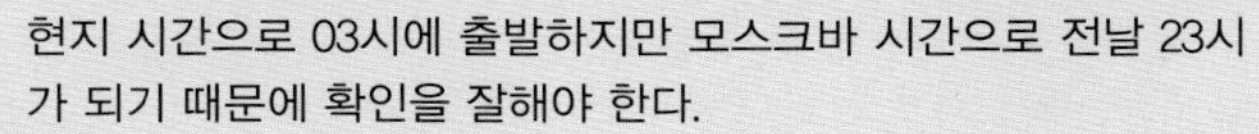

현지 시간으로 03시에 출발하지만 모스크바 시간으로 전날 23시가 되기 때문에 확인을 잘해야 한다.

주의사항

1. 자신이 탈 열차 확인하자.

역에 도착하면 우선 벽에 붙어 있는 시간을 확인해 현지시간과 자신이 탈 열차를 알고 있어야 한다. 만약 자신이 탈 열차가 없다면 역이 맞는 지 확인해야 한다.

2. 다음으로 출발 안내 표시를 찾자.

전광 안내판의 게시판에 출입구 근처 벽에 있다. 출발 시각이 열차부터 열차 번호, 행선지나 주행구간, 도착시간, 출발시간, 플랫폼 번호 등을 표시하고 있다.

3. 플랫폼 번호는 매일 바뀐다.
매일 바뀌기 때문에 출발시간이 다 되어야 표시가 된다.
반대로 플랫폼이 표시가 되지 않았다면 출발까지 잠시 시간이 있다는 뜻이다.

4. 연착이 되었다면 차장이나 러시아 인에게 물어보자.
열차의 출발 시간이 다 되었는데, 열차번호와 행선지만 표시되어 있고 출발시간이 표시되어 있지 않은 것은 열차가 늦는 경우이다. 빈칸에 늦는 상황이나 출발 예정시간이 다시 표시되는 경우도 있다. 시베리아 횡단열차는 대체로 정확하지만 운행 거리가 길어서 지체되는 경우도 발생한다. 정확한 이유를 모르고 열차가 늦으면 불안해지기 때문에 다른 사람들의 행동을 유심히 관찰해야 한다. 출발하는 홈 번호가 들어오면 승객들이 움직이므로 금방 알아차릴 수 있다.

열차 탑승
열차의 입구에는 반드시 차장이 서 있다. 이곳에서 티켓을 보여주고 열차에 탑승하면 된다. 짐을 가진 승객이 많기 때문에 승, 하차에 시간이 오래 걸리지만 침대는 이미 지정되어 있으므로 사람이 많다고 당황할 필요는 없다.

▶차장
장거리 열차는 차량 1량에 2명의 차장이 근무를 하고 있다. 이 차장들이 차 안의 모든 일을 관장하고 있다. 열차가 역에 도착하면 차장은 열차 승강구나 플랫폼에 서서 승객들을 체크한다. 러시아 차장은 여성이 더 많지만 열차의 시간이 긴 열차에는 남성 차장도 간혹 있다. 차장은 상당한 중노동을 하므로 바쁘기 때문에 없다고 짜증 내지는 말자.

▶차장의 임무
① 승객이 모두 탑승한 후, 출발하면 각 객실에 티켓을 받으러 온다.
② 시트, 베개, 타월 등을 나누어 주고 돌아다닌다.
③ 일반 승객에게는 따로 요금을 받는다.
④ 운행 중에는 난방이나 물 끓이는 기구의 불을 확인한다.
⑤ 승객에게 홍차를 나눠주기도 한다.
⑥ 객실이나 화장실 청소를 하는 일도 한다.
⑦ 하차할 역이 가까워지면 곧 역에 도착한다고 알려준다.
⑧ 새벽에 하차할 역이 가까워지면 내리지 못할까봐 걱정하지만 차장이 알려주기 때문에 걱정할 필요는 없다.

주의사항
1. 객실에 다른 사람이 타고 있어도 웃는 얼굴로 인사를 하고 앉으면 된다. 인사를 안 하면 서먹서먹하므로 꼭 인사를 하자.
2. 짐을 두는 곳을 확보해야 한다. 위 선반이 꽉 차 있어도 침대 아래에 둘 수도 있다.

▶화장실

열차의 앞뒤로 2개의 화장실이 있지만 비누나 화장지는 부족하다. 화장지가 있어도 질이 나쁘기 때문에 미리 준비해 가는 것이 좋다. 차장이 청소를 해도 금방 지저분해지기 때문에 불만이 있는 여행자도 상당수이다. 열차가 정차 중이면 전후에는 화장실의 사용을 금하고 역이 가까워지면 차장들이 화장실 문을 잠그므로 사용에 주의한다.

▶난방

겨울에 열차 안이 추울까 걱정하는 사람도 많지만 그런 걱정은 기우이다. 창문은 이중창으로 되어 있어 난방이 잘되고 따뜻하다. 실내에서 외투는 벗고 있는다. 객차에서 객차로 이동하는 경우에는 바람을 맞는 통로를 통과할 때에 춥기 때문에 외투를 입고 나가는 것이 좋다.

▶식사

식당차

식당차는 열차 중간에 연결되어 있고 실내는 하얀색 테이블 보와 커튼으로 장식되어 깨끗한 느낌을 받는다. 메뉴는 러시아 어로 씌어 있고 가격표가 있는 메뉴가 준비할 수 있는 것이다. 수프는 러시아식 스튜인 보르사치와 치킨 수프, 치킨, 비프 스테이크 등이 있다. 커피와 홍차도 있는데 커피는 홍차보다 조금 비싸다. 빵은 검은 호밀빵이고 맥주와 보드카 등의 음료도 준비되어 있다.

열차 내 판매

열차 내에서는 식당차의 승무원이 도시락 상자 같은 식기에 요리를 담아 판매한다. 식기는 다 먹은 후에 회수하며, 훈제 고기를 팔기도 한다.

홍차

차장에게 이야기하면 언제나 홍차를 마실 수 있던 때가 있었지만 현재는 그렇지 않다. 유료라서 따뜻한 차를 마시고 싶다면 티백을 준비하는 것이 좋다.

역 주변의 노점상

역에 열차가 도착하면 물건을 파는 노점상이 몰려든다. 노점을 열고 있기도 하고 고기가 든 러시아 빵인 피로슈키나 찐 감자. 계란 등을 판매한다. 겨울에는 줄어들지만 자신의 입맛에 맞는 먹거리나 음료를 안다면 저렴하게 구입하는 것도 좋은 방법이다.

▶사전 숙지사항

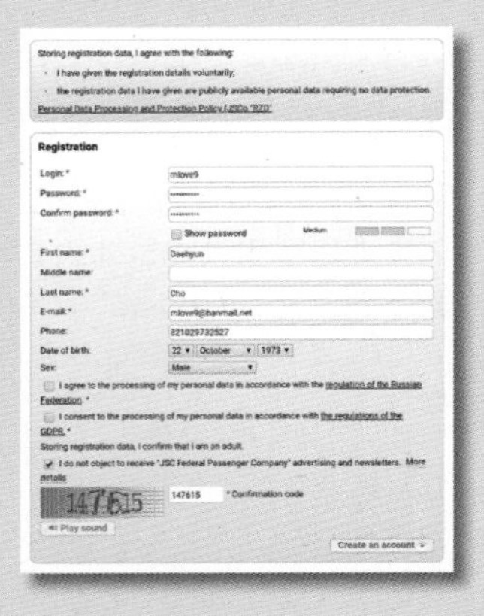

1 회원가입(Registration)을 해야 한다. (영어철자는 대문자와 소문자가 혼합되어야 하며 숫자만 기입하면 된다. 특수문자는 선택하지 않아도 된다.)

2 예약 60일 전부터 예약이 가능하다.

3 예약할 때 시간은 모스크바 시간이 기준이기 때문에 시간을 체크해야 한다. 예를 들어 열차의 시간이 14:35이라면 블라디보스토크는 21:35이 된다.

4 티켓을 취소하면 300~500루블 정도의 수수료가 발생하므로 입력하고 클릭하기 전에 확인하는 것이 후회하지 않는다.

5 혼자 여행한다면 1층이 무조건 좋다. 2층에서 1층에 내려갈 때 눈치가 안 보일 수 없다. 2인이라고 무조건 1층이 좋은 자리는 아니다. 1, 2층으로 나누어 번갈아 쓰는 것이 좋다. 1층에 예약했다고 무조건 1층을 사용하는 것이 아니고 2층 승객도 낮 시간에는 같이 사용하는 것이 예의다.

▶예약하는 순서

1. 홈페이지 : RZD.RU
   (https://pass.rzd.ru/selfcare/regConfirm/en?code=5faa96jffa57ded5fhg2942h2003j9)로 이동하여 러시아어가 아닌 영어(대부분 처음부터 영어로 되어 있다)를 선택한다.

2. 출발과 도착, 원하는 날짜를 선택한다. (시간은 모스크바 시간이 기준이므로 블라디보스토크와 하바롭스크는 +7시간임을 확인)
   블라디보스토크와 하바롭스크 기차역을 선택한다.
   (야간에 주로 탑승하여 침대를 이용하기 때문에 빨리 예약하는 것이 좋다)

3. 화면에 초록색 박스를 클릭하면 좌석별로 예약 상황을 보고 요금, 좌석, 기차번호를 입력한다. (홀수는 아래층이며 짝수는 위층이다. 화장실과 에어컨 그림을 보고 선택, 확인은 필수)

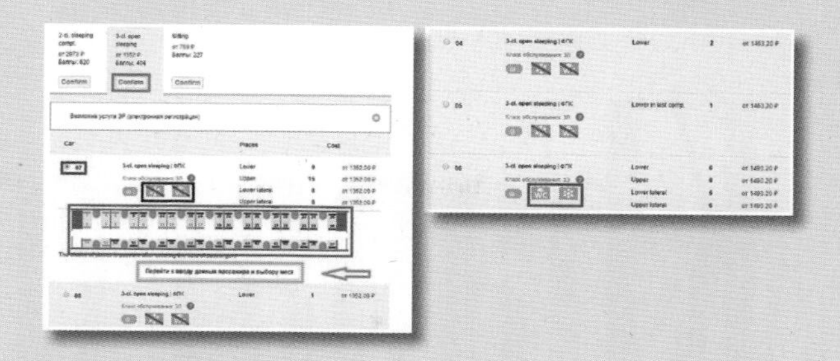

4. 예약자의 성(남, 여), 성명, 탑승 날짜, 가격을 확인 하고 우측 밑의 빨간 색 네모칸을 클릭

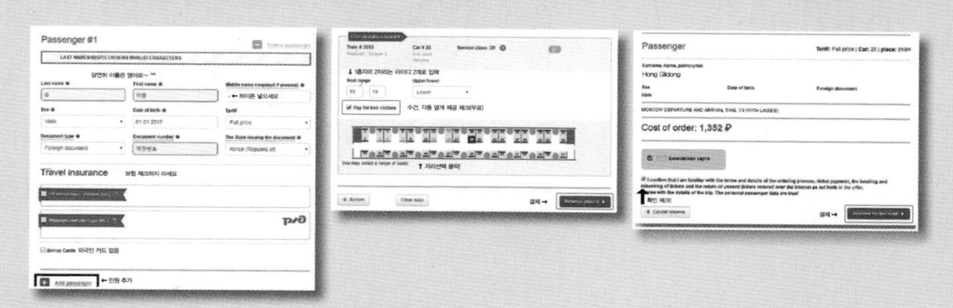

5. 카드 정보를 입력하고 결제한다.

6. 예약 상태 확인은 좌측의 My Orders를 클릭하여 확인하면 된다.

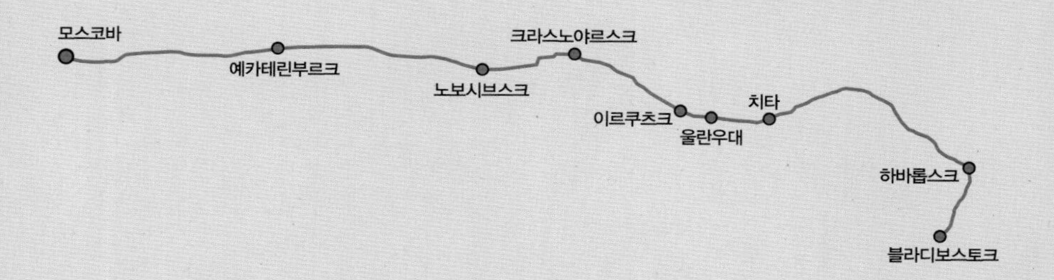

Khabarovsk

하바롭스크

Хабаровск

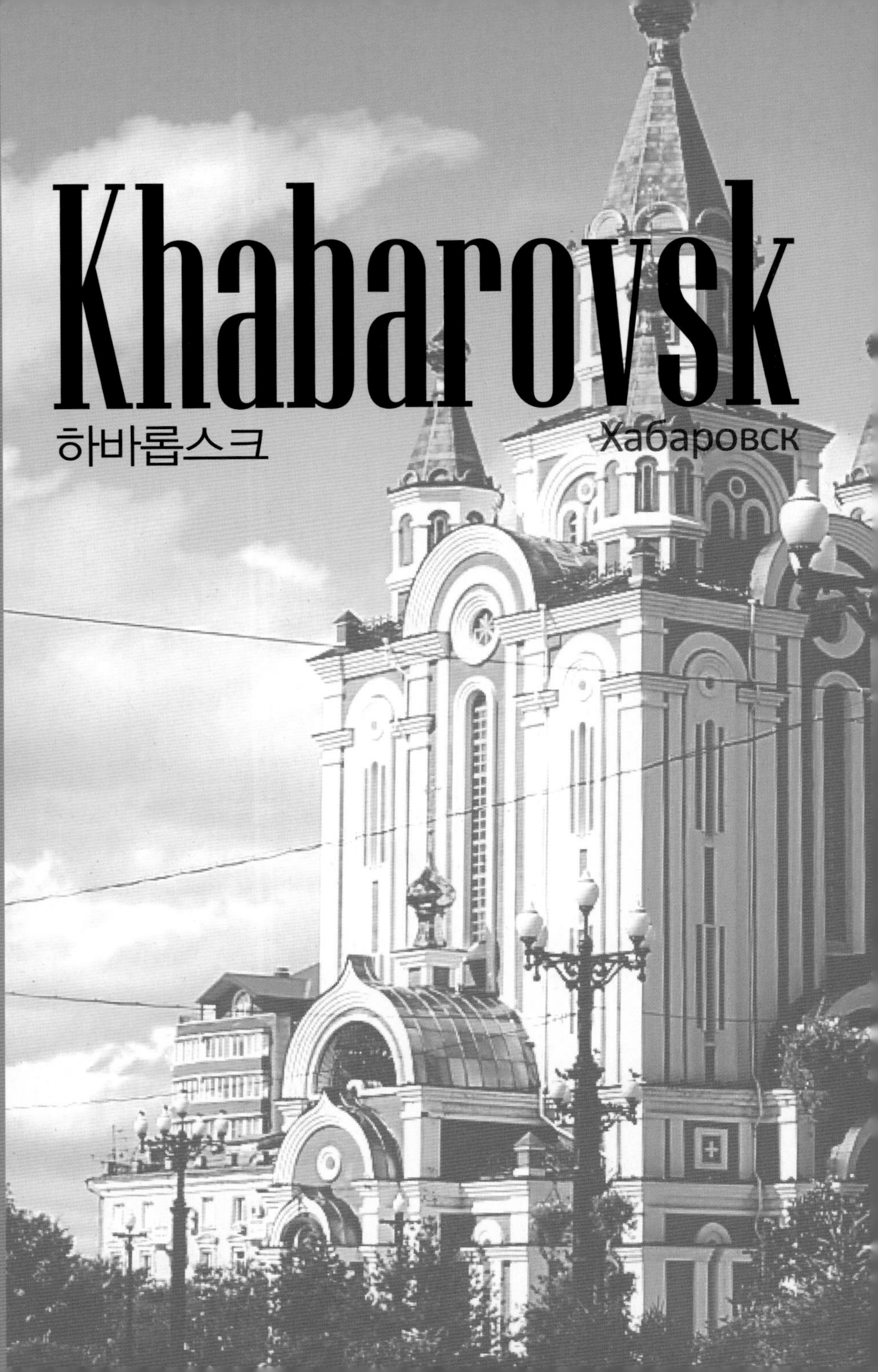

P

얼어붙었던 강이 녹기 시작하면 봄이 오듯이 강은 계절을 말해 준다. 수위가 상승하고 금방 강 한가운데의 모래톱이 녹색으로 뒤덮이며, 사람들이 해수욕을 하기 시작하면 여름, 유람선이 보이지 않게 되면 가을이 오는 것이고, 대형 트럭이 왕래할 정도로 단단하게 결빙되면 길고 추운 겨울이 된다. 하바롭스크는 아무르 강과 우수리 강의 거의 합류점에 위치한 러시아 극동의 중심 도시이다. 1649년에 이곳을 방문한 탐험가 엘로페이 하바로프의 이름을 따서 1858년에 하바롭스크로 지어졌다.

블라디보스토크, 사할린, 이루쿠츠크로 가는 정기 항공로가 시작되기 전까지 극동과 시베리아로 가는 유일한 관문이었던 중심도시였다. 또 블라디보스토크가 외국인에게 개방되기 전까지 시베리아 철도를 달리는 러시아 철도의 시작점이기도 했다.

한눈에 보는 하바롭스크

러시아 극동 연방관구의 수도이자 하바롭스크 지방의 주도
블라디보스토크의 위치는 연해주(프리모르스키 크라이) 남쪽 동해안에 치우쳐 있기 때문에 러시아 극동지방의 전체적인 행정적, 정치적 중심지는 아직 하바롭스크라고 보는 것이 타당하다.

하바롭스크 주의 남동쪽은 동해, 주의 북동부는 오호츠크 해에 접해 있고, 그 사이의 좁은 해협을 사이에 두고 사할린 주와 마주보고 있다.

인구_ 하바롭스크 약 61만 명(주의 100만 명이 넘지만, 땅덩이가 커서 인구밀도는 낮다)
주민_ 대부분 러시아인, 우크라이나인, 유대인, 고려인도 거주
(나나이족, 퉁구스계통의 주민들도 소수 거주)
시차_ 모스크바보다 7시간 빠르다.
모스크바로부터의 거리_ 시베리아 철도를 경유하여 약 8,500km
시의 중심(구시가)_ 우수리 강과 아무르 강과 합류하는 부분의 우측 만에 있다.

기후
상당히 추운 냉대기후이자 대륙성기후이다. 한여름의 기온은 섭씨 18~32도, 한겨울의 기온은 −18~−32도이다. 겨울에는 −30도를 밑도는 일이 드물지 않으며, 때로는 −40도 가까이 내려간다. 1월 평균은 −22℃이고, 7월 평균 기온은 20℃이고 강수량은 700㎜ 정도이다. 여름에는 연일 30도를 넘기도 한다.
겨울이 길고 춥지만 러시아에서는 추운 도시에 명함도 못 내민다. 봄부터 가을까지 활동하기가 쾌적하고 여름에도 덥지 않고 서늘하다.

About

하바롭스크

극동의 보석

극동 러시아에서 블라디보스토크에 이어 2번째로 큰 도시이자 시베리아 횡단철도가 지나가는 교통의 요지이다. 2016년부터 인기를 얻으면서 여행객들의 많은 관심을 받고 있는 러시아의 블라디보스토크에 이어 하바롭스크가 새로운 여행지로 주목받고 있다.
'하바'라는 애칭으로 불리는 하바롭스크Khabarovsk는 17세기에 러시아의 탐험가 E.P. 하바로프가 발견한 이래 극동지방 최대의 도시로 성장한 지방행정, 산업, 교통의 중심지다.

여행자의 로망, 시베리아 횡단열차의 경험

블라디보스토크만 여행한다면 시베리아 횡단열차를 보기만 하겠지만 하바롭스크로 이동한다면 블라디보스토크에서 12시간 정도를 타고 이동할 수 있기 때문에 시베리아 횡단열차를 탈 수 있는 경험을 할 수 있다. 블라디보스토크와 하바롭스크를 연결하여 여행할 수 있어서 2개 도시를 동시에 여행할 수 있다.

비행기로 3시간이면 닿는 유럽

하바롭스크는 러시아항공과 아시아나항공(월, 수, 금)이 운항을 하고 있는데 3시간이면 도착할 수 있다. 블라디보스토크가 2시간이면 닿을 수 있는 유럽이라면 하바롭스크는 3시간이면 닿을 수 있는 유럽이므로 가까운 러시아의 유럽 도시를 또 여행할 수 있게 된 것이다.

예쁜 도심 풍경은 우리나라와 가까운 유럽이라는 말이 실감난다. 비잔틴 문화 건축양식으로 설계된 예수 변모 성당, 콤소몰 광장에 위치한 성모 승천 대성당 등 고풍스러운 건축물들과 카페, 공원, 넓고 쾌적한 산책로 등이 어우러져 유럽감성을 뽐낸다.

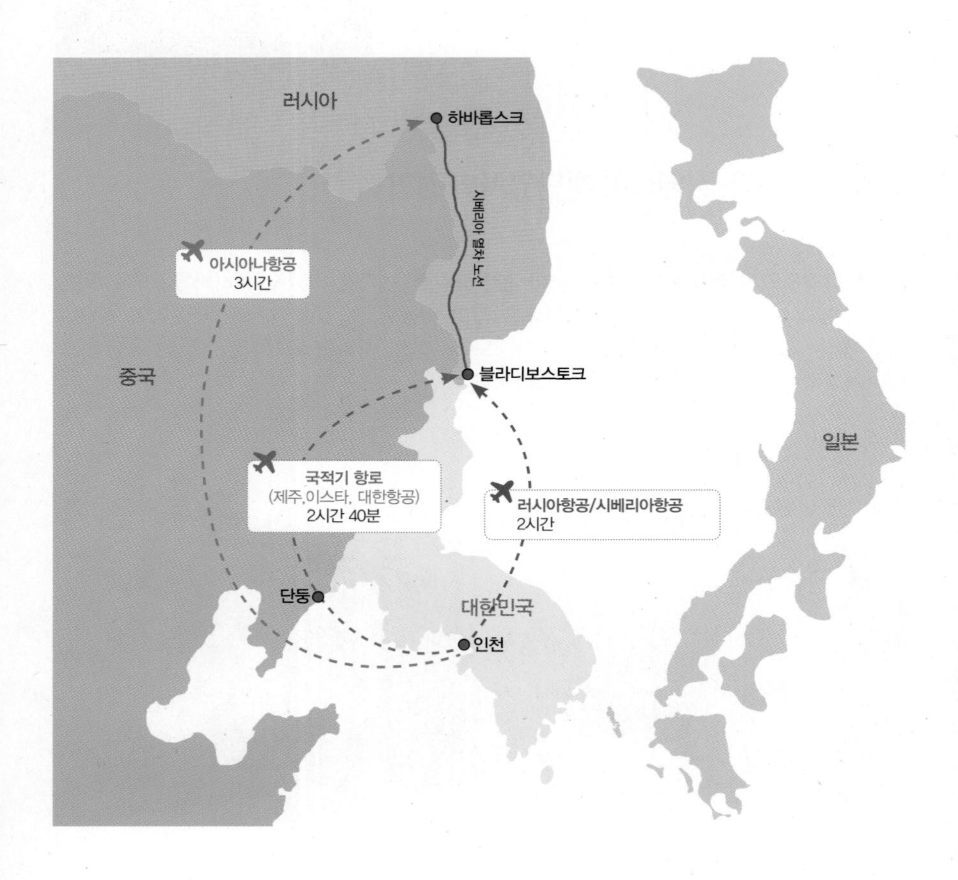

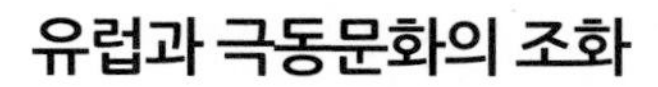

유럽과 극동문화의 조화

블라디보스토크가 혼잡한 도시의 분위기였다면 하바롭스크는 한적한 도시 분위기이다. 아무르 강을 한눈에 담을 수 있는 전망대와 현지인들의 삶을 만날 수 있는 중앙시장도 관광명소로 꼽힌다.

하바롭스크 역사

기원 후 ~ 4세기

만주로 일컬어지는 중국 동북 지역의 가장 귀퉁이인 우수리 강과 아무르 강이 합류하는 지점에 자리 잡아, 오래 전부터 퉁구스족 등 동아시아의 많은 민족들이 거주했던 것으로 보이며, 명대부터는 중국 사서에 교류 기록이 나온다.

17세기

육로를 통해 동진하던 러시아 제국의 카자크 탐험가들이 아무르 강가에 세운 캠프로 도시의 역사가 시작되었다. 이 캠프는 당시 카자크의 지도자인 예로페이 하바로프의 이름을 따서 지어졌고, 이 이름이 쭉 내려오게 된다.

17~19세기

중국과 러시아가 영토싸움을 많이 벌였던 곳으로, 1689년 청나라와 러시아의 네르친스크 조약에 따라 150여 년 동안 청나라에 복속되었으나, 1859년 아편전쟁 이후 청나라가 쇠약해지고, 열강의 침략으로 정신없는 틈을 타 러시아는 아이훈 조약으로 이 지역을 되찾았다. 현재의 도시는 이때부터 본격적으로 건설되기 시작한다.

19세기 말 ~ 20세기 초

러시아의 극동지역 개발이 시작되자, 하바롭스크에 학자, 군인 등이 들어오게 되며 본격적인 도시발전이 이루어졌다. 20세기 초반에는 시베리아 횡단철도가 건설되어 극동의 부동항으로 가는 통로가 되었다. 하바롭스크를 가보면 아무르 강가를 따라 아름다운 옛 러시아 도시의 느낌이 물씬 나는데 그것들이 다 이 시기의 유물이라고 할 수 있겠다.

한국에서 가장 가까운 동유럽풍 도시라고 할 수 있다. 더 가까운 곳에 블라디보스토크도 있지만, 거긴 군항 이미지가 강하고 도시도 좀 더 현대적이라 하바롭스크의 풍경이 더 아름다운 편이다. 적백내전 때는 한동안 일본군이 점령하기도 했다.

제2차 세계 대전 이후

소련이 일본 전범들을 상대로 연 하바롭스크 전범 재판이 열렸던 장소이며, 마지막 황제인 푸이가 만주국의 붕괴 이후 1950년까지 5년간 머무르기도 한 곳이다.

소련 시절만 하더라도 블라디보스토크보다 더 큰 도시였으나, 소련의 해체 이후 인구가 줄어서 현재 극동 연방관구에서는 인구수 기준으로 2위를 차지하는 도시가 되었다.

하바롭스크(Khabarovsk) 여행 계획 짜기

1. 블라디보스토크와 연계된 여행계획

하바롭스크는 블라디보스토크와 같이 여행을 하면 7일 정도의 시간이 가장 적당하다. 5일이라면 빠듯한 일정이 될 것이다. 하바롭스크로 들어가서 블라디보스토크로 나올지 반대로 일정을 계획할지 결정해야 한다. 또한 블라디보스토크와 하바롭스크를 러시아 국내선 항공을 이용할지 시베리아 횡단열차를 이용할지 결정해야 한다. 대부분의 여행자는 시베리아횡단 열차의 야간 기차를 이용한다. (블라디보스토크 여행코스는 P 65~72 참조)

열차번호	출발 → 도착	출발(현지시간)	도착(현지시간)	소요시간
No. 001M	블라디보스토크 → 하바롭스크	19:00	07:55	12시간 45분
No. 005Э	블라디보스토크 → 하바롭스크	21:00	08:30	11시간 30분

4일 코스

블라디보스토크 2박 3일 → 시베리아 횡단 열차(야간 21시탑승), 다음날 08시 30분에 하바롭스크 도착 → 하바롭스크 당일 여행 → 16시 하바롭스크 공항 출발

이스타 항공을 이용한 금요일 밤 2박 4일(월요일 인천공항 도착) 여행코스

금요일 22 : 45 출발 → 블라디보스토크 1박 3일(토, 일요일) → 시베리아 횡단 열차 일요일(야간 21시 탑승), 다음날 08시 30분에 하바롭스크 도착 → 하바롭스크 당일 여행 → 16시 하바롭스크 공항 출발

하바롭스크
블라디보스토크

5일 코스

블라디보스토크 2박 3일 → 시베리아 횡단 열차(야간 21시탑승), 다음날 08시 30분에 하바롭스크 도착 → 하바롭스크 2박 3일
블라디보스토크 3박 4일 → 시베리아 횡단 열차(야간 21시 탑승), 다음날 08시 30분에 하바롭스크 도착 → 하바롭스크 1박 2일

이스타 항공을 이용한 금요일 밤 5일 여행코스

금요일 22 : 45 출발 → 블라디보스토크 2박 3일(토, 일, 월요일) → 시베리아 횡단 열차 월요일 야간 21시 탑승, 다음날 08시 30분에 하바롭스크 도착 → 하바롭스크 2박 3일(화, 수요일)

6일 코스

블라디보스토크 3박 4일 → 시베리아 횡단 열차 야간 21시 탑승, 다음날 08시 30분에 하바롭스크 도착 → 하바롭스크 2박 3일

열차번호	출발 → 도착	출발(현지시간)	도착(현지시간)	소요시간
No. 002M	하바롭스크 → 블라디보스토크	19:35	06:55	11시간 20분
No. 006Э	하바롭스크 → 블라디보스토크	21:10	08:30	11시간 20분

하바롭스크 IN 4일 코스

하바롭스크 1박 2일 → 시베리아 횡단 열차 야간 21시 10분 탑승, 다음날 08시 30분(19시 34분출발 → 06시 55분 도착)에 블라디보스토크 도착 → 블라디보스토크 2박 3일

2. 하바롭스크(Khabarovsk)만의 여행계획

러시아 항공은 매일 운항하고 있지만 아시아나 항공이 월, 수, 금요일에 취항하고 있기 때문에 항공 일정을 확인해 계획한다. 하바롭스크만의 여행은 1박2일이나 2박3일의 일정이 대부분이다.

1박 2일

▶1일차

무라비요프-아무르스키 공원(동상, 전망대) → 향토박물관 → 성모승천 사원 → 콤소몰 광장 → 고고학 박물관 → 아무르 강 유람선 → 슬라브 광장 → 예수 변모 성당

마라비요프-아무르스키 공원 (동상/전망대) ▶ 향토박물관 ▶ 성모승천 사원 ▶ 콤소몰 광장 ▼

예수 변모 성당 ◀ 슬라브 광장 ◀ 아무르 강 유람선 ◀ 고고학 박물관

▶2일차

중앙 백화점 → 레닌광장(레닌동상) → 디나모 공원 → 뮤지컬 극장 → 중앙 시장 → 기차역(하바로프 동상)

중앙 백화점 ▶ 레닌광장(레닌동상) ▶ 디나모 공원 ▶ 뮤지컬 극장 ▶ 중앙 시장 ▼

기차역(하바로프 동상)

겨울축제

하바롭스크는 겨울이면 온통 눈과 얼음으로 뒤덮인 진정한 겨울왕국으로 변신한다. 도심 중앙에 위치한 레닌광장은 눈과 얼음으로 만든 조각상들과 반짝이는 트리들이 어우러진 축제분위기로 여행객들을 반긴다.

쇼핑

엔케이 시티HK Сити

NK시티 간판이 붙은 둥그런 건물이 인상적이지만 내부는 볼 게 없다. 그 옆 건물에 있는 슈퍼마켓(1층~지하 2층)이 여행자에게 필요한 곳으로 웬만한 대한민국의 대형마트보다도 큰 만큼 물건 종류가 많은데 대다수는 식품이다. 즉석에서 만들어 파는 음식도 많고 캔과 소스 류, 유제품, 술 등을 구매할 수 있다.

샴베리 마트는 하바롭스크 기차역에서 북쪽으로 이동해야 하는 반면 엔케이 시티HK Сити는 시내에 있어 편리하게 이용할 수 있다. 하바롭스크에서 츄다데이를 찾는 여행자는 없다는 이야기를 들으면 실망을 하는 데 엔케이 시티와 샴베리 마트에 당근크림 등이 있으므로 실망할 필요는 없다.

주소_ ул. Карла Маркса 76А **시간_** 10~22시

중앙시장

무라비요프 아무르스키 거리УЛ. МУРАВЬЁВ-АМУРСКОГО에 있는 29번 버스를 타고 루이노크에서 하차한다. 현지에서는 흔히 바자르bazar라고 부르는데 레닌광장 근처의 푸시킨 거리에 위치한다.

시장에서는 건물 안과 밖에서 모두 장사가 이루어진다. 안쪽에서는 도끼를 들고 고기를 뼈에서 발라내고 있는 남자와 러시아식 김치, 겨울인데도 토마토와 오이를 파는 조선족 아주머니 등을 볼 수 있다. 밖에서는 신선한 채소와 과일, 식료품 외에 중국과 한국에서 들여온 의류, 생활용품을 파는 텐트가 늘어서 있으며 사람들이 많아 매우 혼잡하다.

시장을 찾는 사람들은 매우 다양한데, 러시아인들뿐만 아니라 야쿠트족Yacut, 집시 등도 볼 수 있어 관광객들에게 흥미 있는 구경거리를 제공한다. 중앙시장은 하바롭스크 서민경제에서 중요한 지위를 차지하고 있으며 러시아인들의 생활 모습을 한눈에 볼 수 있는 곳이다.

하바롭스크 중앙 백화점Хабаровvкий чентральный универмаг(ЦУМ)

하바롭스크에 있는 대표적인 백화점으로 1914년에 영업을 시작했다. 상인인 알렉산드르 아르히포프의 활동으로 지어졌다가 무역회사로 지금도 사용하고 있다. 대한민국의 백화점과 비교하면 형편없는 수준이지만 하바롭스크에서 고풍스러운 분위기로 현지인이 즐겨 찾는 공간이다. 4층 건물인 백화점은 다양한 물건이 있는 데 아이쇼핑으로 어떤 물건을 살 수 있는지 보는 것도 좋다.

홈페이지_ www.emporium.ru **주소_** ул. Муравьёва-Амурского 23
시간_ 월~토(10~20시), 일(10~19시) **전화_** +7 4212 45-70-21

마가진 막심Магазин МАКСИМ

24시간 운영하는 슈퍼마켓으로 하바롭스크 기차역 앞과 다른 곳곳에 있다. 필요한 먹거리가 있다면 미리 구입해 놓으면 편리하다. 또한 언제라도 필요한 물품이 있다면 이용이 가능하다.

주소_ ул. Муравьёва-Амурского 3 **시간_** 24간 운영

샴베리Самберм

극동 러시아에서 성장한 대표적인 대형마트이다. 1994년 하바롭스크에서 물류창고로 시작하여 현재 극동 러시아에 약 25개의 체인을 둔 회사이다. 의류, 가전, 전자제품, 식재료까지 저렴한 가격에 품질이 좋아 현지인이 주로 찾는 마트로 사랑받고 있다. 해산물을 저렴하게 판매하기 때문에 조리가 가능한 숙소라면 킹크랩을 전자레인지에 돌리기만 해도 맛있게 먹을 수 있다.

홈페이지_ www.samberi.com **주소_** ул. Карла Маркса 76А **시간_** 08~23시

МУЗЫКАЛЬНЫЙ

РЫНОК
ЯРМАРКА
Леонард
хобби-гипермар
5 этаж
РЕМОНТ СОТОВЫХ

KHABAROVSK

하바롭스크 IN

인천국제공항에서 아시아나 항공이나 러시아 항공 직항을 이용하는 것과, 블라디보스토크에서 열차를 타고 오는 방법이 보편적이다.

하바롭스크 노비공항Аэропорт Хабаровск

하바롭스크로부터 약 10㎞ 떨어진 지점에 있으며, 하바롭스키 지방 정부가 운영을 맡고 있다. 활주로는 2곳이며 각각 길이 4,000m, 3,500m 규모이다.

국내선은 러시아 항공(에어로플로트Aeroflot, 블라디보스토크항공Vladivostok Air, 시베리아 항공 등이, 국제선은 아시아나 항공(월, 수, 금, 토, 일), 러시아 항공, 중국남방항공China Southern Airlines, 우즈베키스탄 에어웨이UzbekistanAirways, 등이 운항하고 있다.

국제선

국내선

시베리아 횡단열차

블라디보스토크에서 열차를 타면 12시간이나 걸리지만 매일 2번 이상 침대열차가 다니기 때문에 밤 귀가 밝은 사람이 아니면 편하게 침대에서 자면서 갈 수도 있다. 요금은 침대 등급에 따라 45,000~200,000원 정도이다. 블라디보스토크에서 하바롭스크로 기차를 타고 차 안에서 1박을 해야 한다. 모스크바까지는 5박 6일이 소요된다.

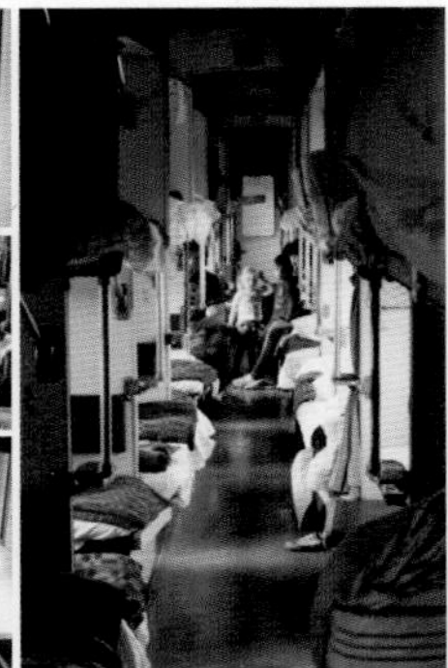

공항에서 시내 IN

공항에서 시내로 갈 때는 1번 트롤리 버스가 편리하다. 국제선 터미널을 빠져 나와 왼쪽, 지금은 사용하지 않는 국내선용 터미널 앞에서 승차한다. 편수도 많고 심야까지 운행하므로 안전하다. 콤소몰 광장까지 약 40분이 소요된다.

역에서 시내 중심부로 이동할 때는 1번 순환버스가 편리하다. 역에서 레닌, 트루게네프 거리를 지나 청년 극장 앞에서 하차하거나 발리쇼이, 세르이세프, 콤소몰 거리를 지나 하차하면 된다.

시내교통

시내의 대중교통은 블라디보스토크와 다르지 않다. 버스, 트롤리버스, 택시 등을 이용할 수 있다. 시가지를 여행하는 동안 교통수단을 타고 이동할 정도로 도시가 크지 않다. 시가지에서 아무르 강을 건너는 다리는 없지만, 북서교외에 하바롭스크 다리가 있다.

하바롭스크 역

시베리아 횡단도로와 철도로는 시베리아 횡단철도(하바롭스크 I 역), 하바롭스크~콤소몰스크-나-아무레 지선이 있다. 아무르 강과 우수리 강의 수운도 이용할 수 있다. 시가지의 북동교외에는 러시아 극동연방관리구의 주요공항인 하바롭스크 공항Аэропорт Хабаровск이 있다.

도시는 작지 않지만 관광객이 구경할 만한 곳은 중심가에서 걸어서 다니기 좋은 정도다. 관광지로 이름 높은 도시는 아니지만 오래된 동유럽 건축물로 가득하고 아무르 강과 어우러져 있어서, 유럽에 이런 도시가 있었다면 흔한 유럽 도시였겠지만 아시아 근처에서 3시간 거리에 이런 도시는 몇 없어서 신기하다.

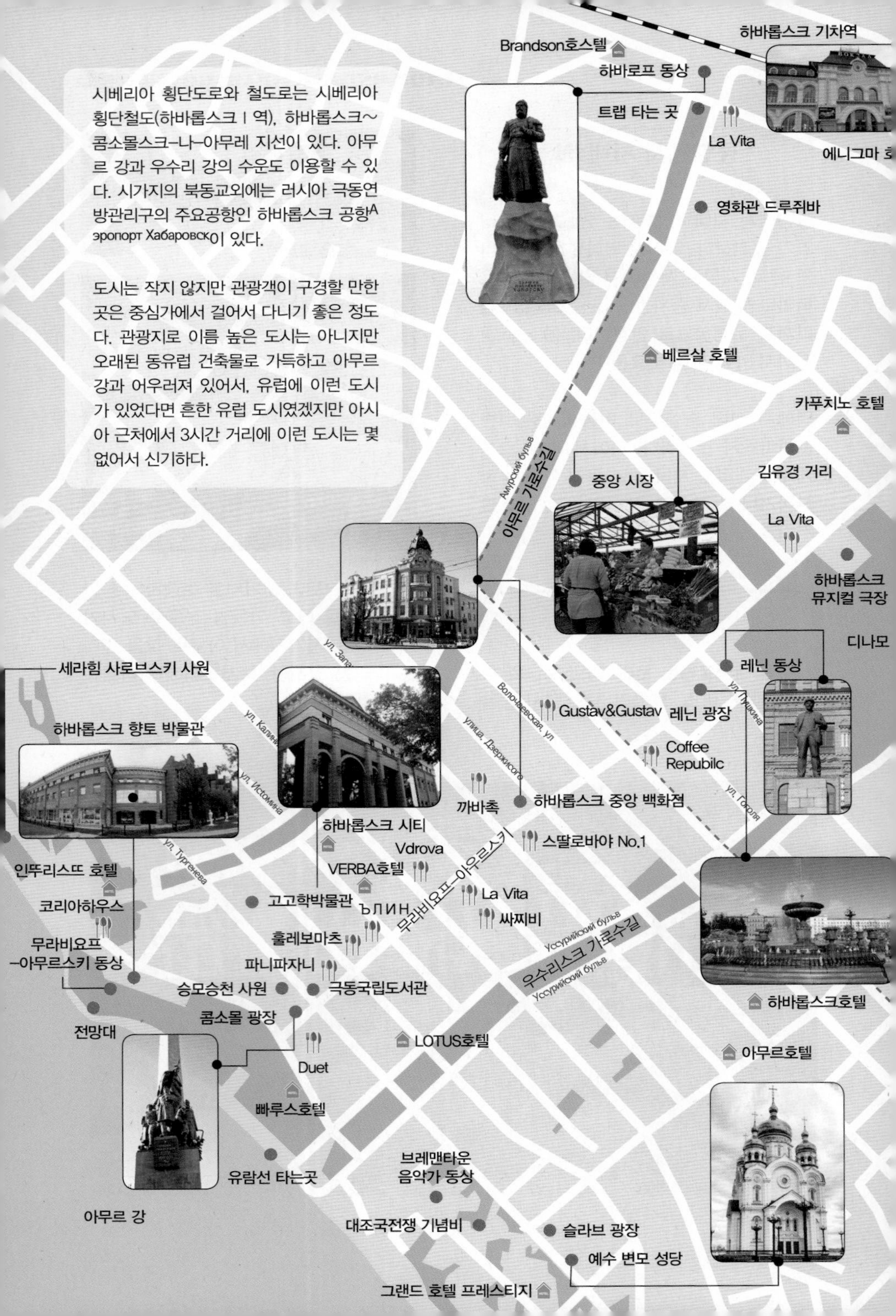

하바롭스크의 중요 거리 Best 3

무라비요프 아무르스키 거리 (Muravyov-Amurski Street)

러시아 하바롭스크Khabarovsk 중심에 있는 거리로 하바롭스크의 중심을 가로지르는 거리이다. 러시아의 정치가로 동부 시베리아 총독을 지냈던 니콜라이 무라비요프 아무르스키NikolaiNikolaevich Amurski를 기리기 위해 이런 이름을 붙였다. 시내 중심의 레닌 광장에서 시작해 콤소몰 광장Komsomol Square에서 끝난다. 거리 주변에는 하바롭스크의 관공서, 백화점, 문화 시설, 상가들이 늘어서 있다.

아무르 가로수길 (Амурский бульвар)

시베리아 횡단열차에서 내렸다면 역에서 나와 트램 정류장을 따라 이어진 가로수길이 아무르 가로수길이다. 이 길을 따라 가면 무라비요프 – 아무르스키 공원과 이어진다. 도심을 가로지르는 산책로를 중심에 만들어서 도시가 녹지로 이루어진 것처럼 느낌을 받는다. 곤충이나 다양한 모양의 조형물Sculpture이 같이 있어 사진을 찍기에도 좋다.

우수리스크 가로수길 (Уссурийский бульвар)

유람선을 타는 선착장에서 오른쪽으로 이어진 가로수길이 우수리스크 가로수길이다. 이 길은 디나모 공원과 이어지는 데 길에 조형물은 없다. 아무르 강변을 따라 대조국 전쟁기념비의 엄숙한 분위기와 브레맨 타운 음악가 동상Bremen Town Musicians Sculpture은 웃음을 줘서 대조적인 느낌을 받는다.

한눈에 하바롭스크 파악하기

관광지로는 도심을 가로지르는 가로수길, 레닌 광장, 중앙시장, 황금빛 양파지붕의 예수 변모 성당이 있는 명예 광장, 성모승천 사원이 있는 콤소몰 광장, 아무르스키 강변공원, 하바롭스크 향토 박물관, 고고학 박물관, 아무르 강 유람선 등이 있다.
아름다운 경관으로 유명한 하바롭스크는 관광 도시이기도 하다. 동쪽의 시베리아 철도부터 서쪽의 아무르 강을 걸치는 구시가, 교외, 근거리지역에 관광지가 많다.

이 중심가에는 하바롭스크를 대표하는 번화가인 무라브요프 – 아무르스키 거리Улица Муравьёва—Амурского, 하바롭스크 역에서 아무르 강을 내려볼 수 있는 절벽이 있는 공원까지의 거리인 아무르스키 대로, 디나모 공원, 국립 극동박물관, 극동 미술관이 있다. 그 외에도 아무르 강 수족관, 아무르 강 철도 역사박물관 등이 있다.

하바롭스크의 중요 광장 Best 2

콤소몰 광장

하바롭스크의 중심을 가로지르는 무라비요프 아무르스키 거리의 한쪽 끝에 위치하고 있으며 다른 한쪽 끝에는 레닌 광장이 자리하고 있다. 콤소몰스카야 광장Komsomol'skaya Square이라고도 한다. 1917년 혁명 이전에는 이곳에 우스펜스키Uspensky 성당이 있어서 성당광장Cathedral Square이라고 불리다가 혁명 이후 소비에트 정부가 성당을 무너뜨리고 광장의 이름을 지금의 이름으로 바꾸었다.

레닌 광장

레닌 광장은 2001년 원래 자리에 다시 성당이 지어지면서 옛 이름으로 불리고 있다. 광장 가운데에는 시민 용사들의 참전을 기리기 위한 오벨리스크 동상이 세워져 있다. 하바롭스크 시민들이 즐겨 찾는 대표적인 휴식 공간이고 관광객들도 많이 찾아온다. 주변에는 미술관과 박물관, 콘서트 홀 등이 위치한다.

시민들에게는 대표적인 휴식처의 역할을 하고 관광객들에게도 매우 인기 있는 장소이다. 광장 근처에는 디나모 공원, 흰색의 하바롭스크 시청 건물 등이 있고 도시의 중심 도로인 무라비요프 아무르스키 거리Muravyov-Amursky Street를 통해 콤소몰 광장Komsomol Square까지 연결된다.

무라비요프 - 아무르스키 거리
УЛ.МУРАВЬЁВ-АМУРСКОГО

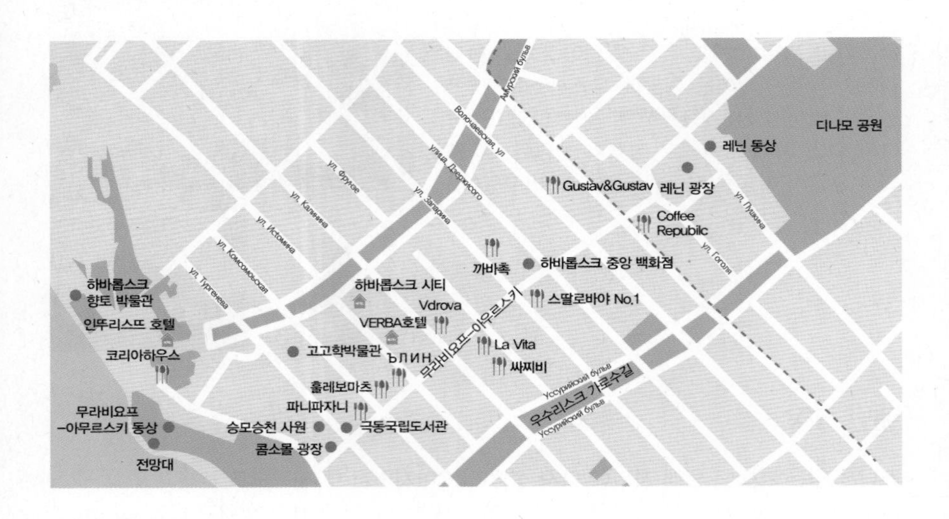

무라비요프-아무르스키 공원
Краевый парк имени Н.Н Муравьёв-Амурского

아무르 강은 하바롭스크로 들어가는 중요한 통로 구실을 하고 있다. 이 아무르강을 따라서 조성된 공원으로 하바롭스크의 중심에 있는 레닌광장Lenin square에서 그리 멀지 않은 곳에 자리 잡고 있고 콤소몰광장Komsomol Square에서도 공원 안으로 들어갈 수 있다. 공원 전망대 앞에는 시베리아철도를 처음 제안했던 무라비요프 아무르스키의 동상이 자리 잡고 있다. 작은 매점 등이 있어 가벼운 음식 등을 살 수 있는 곳이 마련되어 있다. 산책로가 있어 시민들이 운동과 휴식을 즐기기 위해 찾는다. 강가에 서서 시베리아의 아름다운 풍경을 볼 수 있어 관광객들도 많이 찾는다

니콜라이 무라비요프-아무르스키

무라비요프-아무르스키 해양공원에 있는 동상이다. 19세기 러시아의 동방 진출이 이루어지면서 청나라의 혼란을 틈타 극동의 영토를 확보하였다. 1858년 청나라와 아이훈 조약을 맺고 아무르 강(흑룡강) 이북의 영토를 확보하고 '아무르스키'의 귀족 작위를 받았다.

무라비요프Муравьёв는 1860년에 베이징 조약으로 연해주 지역도 점령하면서 러시아의 부동항을 찾기 위해 블라디보스토크까지 영토를 진출시키는 데 결정적인 공헌을 했던 인물로 하바롭스크의 도시에서 없어서는 안 될 인물이다.

아무르 강
Amur River

발해가 발원한 흑룡 강이 지금의 아무르 강이다. 우리에게는 흑룡 강이 더 익숙할 수도 있는 강이다. 문화와 휴식의 공원 전망대에서는 아무르 강과 하바롭스크가 눈에 펼쳐진다. 오른쪽으로 공장지대, 한가운데에는 커다란 모래톱, 왼쪽으로는 시베리아 철도가 지나는 철교가 보인다. 저녁이 되면 산책하는 사람들로 붐비고, 때로는 감자를 미끼로 낚시를 하는 사람도 있다. 여름에는 누구나 모두 수영복을 입고 일광욕을 하기도 하고 수영도 하면서 하루를 보낸다.

러시아 사람들은 아무르 강을 보기위해 '하바'를 찾는다는 말이 있을 정도로 아무르 강에 대한 남다른 사랑을 자랑한다. 바다를 연상케 하는 넓은 강줄기도 겨울이 오면 꽁꽁 얼고 그 위를 내린 눈이 덮어 설원을 연상시킨다. 강변 주위의 아름답게 조성된 산책로는 하바롭스크 연인들과 시민들의 휴식처다.

유람선

5~9월 말에는 유람선이 운항되는데, 승객이 모이면 출발하는 MOCKBA호 유람은 약 1시간 소요된다. 니콜라옙스크나 아무레, 콤소몰리스카야 아무레 등으로 가는 일주일 정도의 유람선도 있다. 추운 겨울에는 결빙되어 대형 트럭도 건널 수 있다. 여름에는 아무르 강의 유람선이 인기가 많다. 승선장은 인투리스트 호텔에서 약 10분 거리에 있다. 유람선이 없을 때에는 건너편으로 건너는 페리를 탈 수 있다.

요금_ 350루블(어린이 150루블) **홈페이지_** www.farvater27.ru

성모승천대성당
СОБОР УСПЕНИЯ БОЖЕЙ МАТЕРИ

아무르 강변에서 계단을 타고 언덕을 오르면 파란 지붕을 가진 특이한 성모승천 사원СОБОР УСПЕНИЯ БОЖЕЙ МАТЕРИ이 나온다. 처음 보는 성당의 자태에 햇빛에 비친 색감이 너무 아름다워 저절로 사진을 찍게 된다. 콤소몰 광장에서 투르제네프 거리Turgenev Street를 따라 조금만 가면 되는 데 지금은 콤소몰 광장의 명물이 되었다. 높은 언덕 위에 위치하여 돔이 황금빛을 발하여 멀리서도 쉽게 눈에 띈다. 아무르 강변이나 콤소몰 광장에서도 쉽게 볼 수 있다. 내부에서는 촬영할 수 없으며 성당 앞에서는 구걸하는 사람들의 모습을 볼 수 있다.

주소_ пл. Соборная, 1
시간_ 07~20시
전화_ +7 4212 31-46-02

도시를 대표하는 교회 건축

러시아 극동지방에서 가장 큰 성당인 하바롭스크 성모승천대성당(радо-Хабаровский Успенский собор)과 아무르(Amur)강이 보이는 언덕에 지어진 예수 변모 성당(Спасо-Преображенский собор)이 있다.

FC SKA 하바롭스크

ФК СКА-Хабаровск

하바롭스크를 연고로 하는 러시아의 축구 클럽이다. 현재는 러시아 프리미어리그에 참가하고 있다.

국립 태평양 대학교

Тихоокеанский государственный унив ерситет

현재 하바롭스크 태평양국립종합대학은 극동지역에서 가장 큰 대학 중 하나이다. 지난 53년 동안 하바롭스크 태평양국립종합대학은 극동지역 및 동방시베리아의 기업 조직을 위하여 85.000명 이상 고등교육전문가를 양성하였다.
2011년 초기 하바롭스크 태평양 국립종합대학에서는 약 960명의 교수 및 교사가 일하고 있다.

홈페이지_ www.pnu.edu.ru
주소_ Karl Marx St, 68, Khabarovsk, Khabarovskiy kray, 러시아 680000
전화_ +7 421 221-13-06

일본인 억류자 묘지

ФК СКА-Хабаровск

하바롭스크 공항 바로 앞 평화 위령공원 안에 있으며, 1번 트롤리 버스를 타고 피트무니크라는 버스 정류장에서 하차한다. 공항 방향으로 도로 바로 오른쪽이 묘지, 광대한 러시아인의 묘지 한 모퉁이에 있으며, 자작나무 숲 속에 191명의 묘와 위령비가 있다.
묘라고는 해도 묘비가 있는 것은 4기뿐이며, 그 외에는 매장 흔적만 있다.

슬라브 광장

Славы

아무르 강변의 높은 지역에 위치한 슬라브 광장은 러시아의 대조국 전쟁 30주년을 기념하기 위해 1975년에 시작되었다. 광장에는 누가 뭐라해도 30m 높이의 기념탑이 인상적이다. 노동자, 훈장 수여자 등의 이름이 빼곡히 적혀 있고 예수 변모 성당과 영혼의 불꽃이 근처에 있다.

주소_ ул. Лениа 1

예수 변모 성당

Спасо-Преображенский кафедральный собор

러시아 정교회의 예수 변모 성당은 2001년부터 4년 동안 지어졌다. 겉모양은 오래된 성당 같지만 최근의 성당이다.
95m높이의 규모로 러시아에서 3번째로 큰 성당으로 시민과 단체, 기업 등의 모금으로 건설이 되어 뜻 깊은 장소가 되었다. 화려한 성당의 모습에 관광객도 반드시 찾는 성당이 되었다.

주소_ ул. Тургенева 24
시간_ 07시 40분~21시
전화_ +7 4212 21-57-59

대조국 전쟁 기념비

Памятники великой отечественной войны

슬라브 광장의 계단 밑에 반원형 형태의 벽으로 둘러싸여 실종된 사람들의 이름이 적혀 있다. 승전 40주년을 기념하기 위해 세워졌다. 3개의 검은 기둥과 반 지구 조형물이 있다.
내전과 무력 충돌로 희생된 군인들을 기억하기 위해 세웠다. 이름을 보면 2차 세계대전에 소련의 일원으로 참가한 한국인의 이름을 볼 수 있다.

하바롭스크의 박물관 Best 5

하바롭스크 향토 박물관 (Хабаровский краевой музейим Гродекова)

공원에 세워진 벽돌로 만든 낡은 건물로 1894년에 아무르 총독이었던 니콜라이 그로제코프의 제안으로 시작되어 1896년 러시아 지리학회의 아무르강 유역 지부에 의해 설립되었다. 극동과 연해주의 역사, 풍습, 자연에 관한 자료, 매머드의 이빨, 고대 원주민의 생활양식과 자료 등이 전시되어 있다.

아르세니예프가 박물관을 관리하면서 전시품이 많아지면서 발전하였다. 규모는 2-3층 규모의 2개동에 지역 식생, 역사 등을 다루고 있다. 러시아어로만 소개된 것이 아쉽지만 지역 박물관으로는 잘 정비되어 있다. 동, 식물을 모형으로 재현하여 현지 아이들이 보고 배울 수 있도록 전시되어 있다.

1995년 다시 꾸며서 개장하였다. 자연, 민속, 고고학, 역사 등에 관계된 전시물 14만 4,000여 종이 전시되어 있는데, 극동과 연해주의 역사, 풍속, 자연에 관한 자료와 매머드의 상아, 고대 원주민의 생활양식에 관한 자료 등을 있다. 특히 세계에서 가장 크다는 아무르 호랑이 박제도 볼 수 있다. 박물관 건물은 붉은 벽돌로 이루어졌고 박물관 입구에는 여진족들이 남겼다는 유물인 돌 거북이 서 있다. 주변에는 고고학 박물관, 전쟁역사박물관과 극동 미술관이 있다.

홈페이지_ www.hkm.ru **주소_** ул.Шеевченко, 11
요금_ 350€ (현금 결제만 가능) **관람시간_** 10~18시(월요일 휴관) **전화_** +7 (4212) 31-63-44

고고학박물관 (Музей археологии Khabarovsk Museum of Archaeology, Гродековский музей)

향토박물관에서 얼마 떨어지지 않은 투르제네브 거리에 있는 작은 박물관이다. 모든 전시물은 1층에 있고 이 지역에 살았던 선사시대 조상들의 숨결을 느낄 수 있다. 특히 발해의 와당도 볼 수 있다. 박물관 입구에는 선사시대의 유물을 본떠서 만든 바위덩이들이 많이 있다. 또 하바롭스크에서 그리 멀지 않은 시카치 알리안Sikachi Alyan에 있는 바위그림도 재현해 놓았다.

선사시대부터 중세까지 유물 16만여 점과 희귀 유물 1200여 점을 소장하고 있다. 고대 주거지의 사냥 그림, 도자기, 화살, 동물 뼈, 그물 추, 작살 등이 전시되어 있다. 선사시대 고대 유물에 중점을 두고 있지만, 이 지역의 오랜 역사를 말해주듯이 중국과 발해 등의 각 시대, 각 문화권의 다양한 유물들이 있다.

주소_ ул.Тургенева,86 **요금_** 170루블(현금 결제만 가능)
관람시간_ 10~18시(월요일휴관) **전화_** +7 (4212) 32-41-77

전쟁 박물관

향토 박물관 앞에 있는 붉은 벽돌로 만든 건물로 적군의 극동에서의 전쟁사를 자세히 전시해 놓았다. 옛 만주를 둘러싼 중국, 일본, 소련군의 전쟁 자료 등이 있다. 박물관의 건축은 엔지니어인 알렉산드로프N. Alexandrov와 차이콥스키L. Chaikovsky의 감시 하에 1904년에 시작되어 1907년에 완공되었다.

극동 군사 지역이 생성되던 초기부터 지금까지의 역사를 알려 주는 1만 2,000여 점이 전시되어 있는데, 전쟁 현수막, 자국과 타국의 열병기와 냉병기, 옛 소련의 상과 메달, 군복과 장비, 전쟁 그림들, 정치적 전쟁 포스터 등을 포함한다. 박물관 밖에 전시되어 있는 탱크, 장갑차 등이 이색적이다. 박물관 주변에는 향토박물관과 극동박물관이 자리하고 있다

홈페이지_ www.hkm.ru **주소_** ул.Шееченко,13 **요금_** 150루블(현금 결제만 가능)
관람시간_ 10~18시(월요일휴관) **전화_** +7 (4212) 31-63-44

지질 박물관

하바롭스크 지질학 박물관은 러시아 극동 지방의 최대 도시 하바롭스크에 있는 박물관이다. 러시아 극동 지역의 지질학에 관한 자료를 주로 전시한다. 하바롭스크 지질학 박물관은 러시아 극동산업 지질학 협회Far-Eastern industrial geologicalassociation가 수집한 자료를 바탕으로 1936년 처음 문을 열었다. 박물관이 전시공간으로 사용하고 있는 곳은 레닌 거리에 있는 19세기에 지어진 벽돌 건물이다. 한때 고등학교로도 사용됐던 이 건물은 1977년부터 하바롭스크 지질학 박물관으로 이용되기 시작했다.

주요 전시물은 러시아 극동 지역의 광물 등 약 600여 종의 광물 자료들이다. 특히 옛 소련 시절 달 탐사선들이 달에서 채집한 뒤 지구로 가져온 광물들이 눈길을 끈다. 또 1947년 시호트-아일린 산맥Sikhot-Ailin mountains에 떨어진 세계에서 가장 큰 운석 광물도 박물관이 자랑하는 전시물 가운데 하나다. 이외에 러시아와 중국의 국경을 이루며 다양한 지질학 관련 자료들이 발굴되고 있는 아무르 강(중국 이름 흑룡강)에서 발굴된 광물 자원들이 함께 보관돼 있다. 광물뿐 아니라 지질학 탐사 때 사용하는 시굴 기계와 장비, 광물학과 지질학에 관한 문헌 등도 볼 수 있다.

극동 미술관

작은 미술관이지만 레핀의 작품을 비롯해 러시아 회화, 성화, 조각 작품 서유럽의 고전 회화와 루벤스의 작품 등 흥미로운 전시품이 많다. 시베리아에 사는 에스키모와 에벤인 등의 소수 민족 코너도 마련되어 있다.

하바롭스크에 전쟁에 관련한 박물관이 많은 이유

19세기 말에 극동의 부동항을 찾기 위해 노력한 러시아는 1905년 러일전쟁의 패배로 불안감이 팽배하였다. 다시 극동의 중요성을 높이기 위해 1907년에 알렉산드로프(N.Alexandrov)와 차이콥스키(L. Chaikovsky)로 하바롭스크에 건물을 짓기 시작했다. 그 이후 1930년까지 은행 건물이었으나 1983년부터 극동 군사 지역 박물관이 되었다.

극동 군사 지역의 생성 초기부터 현재까지의 역사를 말해주는 자료 1만 2000여 점을 소장하고 있다. 1917년 공산혁명 이전까지 극동지역 발달 과정과 군사 방어 기지, 1918~1922년 러시아 내전, 제2차 세계대전 당시 극동 지역 생활 모습, 현대 군대의 모습 등을 볼 수 있다. 전쟁 당시 현수막과 포스터, 탱크와 장갑차 등 각종 무기, 러시아 군대 훈장과 군복, 각종 군사 장비 등이 전시되어 있다. 하바롭스크는 오랜 역사동안 극동 지역의 여러 나라가 지배했으며 많은 전투가 벌어졌던 지역이다.

러시아 유제품

유럽을 여행하면 많은 우유와 치즈, 요구르트 등의 제품을 보고 놀란다. 러시아의 블라디보스토크와 하바롭스크에서도 마트에 가면 지방의 함유량에 따라 우유가 종류별로 진열되어 있고, 치즈도 너무 많아 선택에 제한이 되며, 식품회사에 따라서도 선택에 제한을 받는다. 다만 러시아의 우유와 치즈, 요구르트는 시큼하거나 짠 맛이 날 수 있어 잘 알고 선택하는 것이 좋다.

트바록ТВОРОГ

두부나 순두부 같은 모양으로 무엇인지 궁금해진다. 우유를 응고시켜 만든 제품으로 치즈같기도 하지만 치즈는 아니다. 처음 맛을 보면서 도대체 무엇인지 알 수가 없지만 호두, 아몬드 같은 견과류와 함께 먹으면 건강식으로 먹기에 좋다. 오래 먹다보면 끌리는 맛이다.

스메타나сметана

러시아나 중동 국가를 여행하면 발효 요구르트 같은데 짜거나 신맛이 나면서 먹으면서 거부감이 들기도 한다. 한참을 먹지 못하다가 조금씩 먹다보니 먹을 수 있고 더 시간이 지나면 생각나는 발효 요구르트이다. 러시아뿐만 아니라 발트 3국, 조지아나 이란 같은 중동국가에서도 비슷한 맛을 느낄 수 있다. 러시아 사람들은 블린, 보르쉬 등에 떠 넣어 먹는다. 우리가 사먹는 발효 요구르트와는 다르니 때문에 처음에는 거부감이 드는 맛일 수도 있다.

케피르кефир

우리가 알고 있는 발효 요구르트는 케피르 кеф ир를 찾아야 한다. 다만 러시아 발효요구르트는 신맛이 나기 때문에 처음에는 먹기 힘들다. 다만 러시아, 발트 3국, 중동 국가에서는 건강식으로 매일같이 먹는 중요한 음료이다. 조금 참고 먹다보면 익숙해 질 수 있다.

EATING

무라비요프-아무르스키 거리에 대부분이 레스토랑과 카페가 위치하고 있기 때문에 식사 시간에는 사람들이 북적인다.

브드로바
VDROVA

재미있는 복장으로 손님들의 눈을 즐겁게 해주는 레스토랑 에서는 의외로 맛있는 피자를 맛볼 수 있으니, 입맛 까다로운 사람도 유쾌하게 식사할 수 있을 것이다.

주소_ ул. Муравьёва-Амурского 15
시간_ 11~24시
전화_ +7 4212 94-21-11

훌레보마츠
Хлебомясь

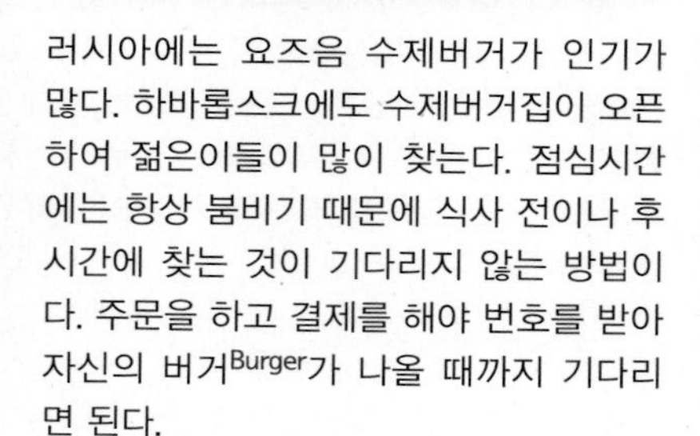

러시아에는 요즈음 수제버거가 인기가 많다. 하바롭스크에도 수제버거집이 오픈하여 젊은이들이 많이 찾는다. 점심시간에는 항상 붐비기 때문에 식사 전이나 후 시간에 찾는 것이 기다리지 않는 방법이다. 주문을 하고 결제를 해야 번호를 받아 자신의 버거Burger가 나올 때까지 기다리면 된다.

주소_ ул. Муравьёва-Амурского 15
시간_ 11~24시
전화_ +7 4212 94-21-11

조지아 & 우크라이나 음식

술탄 바자르
СУЛТАН БАЗАР

관광객이 가장 많이 찾는 레스토랑이지만 현지인도 좋아한다. 아랍풍의 레스토랑으로 터키와 우즈베키스탄 요리를 조리한다. 러시아로 된 메뉴가 걱정되지만 사진이 있어서 보고 주문하면 된다.

주소_ ул. Муравьёва-Амурского 3а(2층)
영업시간_ 12~새벽 01시
전화_ +7 4212 93-03-40

사찌비
Сациви

콧수염이 있는 아저씨가 웃고 있는 모습이 마치 KFC할아버지를 연상시킨다. 조지아 음식을 먹을 수 있는 레스토랑으로 현대적인 내부 인테리어를 풍기는 것이 조금은 블라디보스토크의 수프라 레스토랑과 유사하다. 힝칼리, 하차푸리 등이 인기가 있지만 약간 짠 편이다.

주소_ ул. Фрунзе 53
영업시간_ 12~24시(일~목), 12~새벽 02시(금~토)
전화_ +7 4212 65-31-23

카바촉
Кабачок

우크라이나 음식을 만드는 레스토랑으로 나무로 된 농촌느낌이다. 붉은 수프인 보르쉬борщ와 우크라이나 만두인 바레니키вареникм, 과일 음료 모르스морс를 주로 주

문한다. 영화관과 가까워 데이트 고객이 많이 찾는다.

주소_ ул. Запарина 84
영업시간_ 12~24시
전화_ +7 4212 60-03-77

아이언 카비스 카페
Iron Kabis Cafe

조지아 음식을 기본으로 러시아 음식까지 같이 주문을 받는다. 현지인에게 대단히 인기가 있는 레스토랑으로 파란색 내부인테리어가 인상적이다. 조지아 음식은 주로 짠 음식인데 이 카페도 대체로 짠 편이다.

주소_ ул. Запарина 84
영업시간_ 12~24시
전화_ +7 4212 60-03-77

디저트 카페

라비타
La Vita

디저트 카페 체인점으로 하바롭스크에 5개의 지점이 있다. 달달한 디저트가 있어 여성들이 많이 찾는데 우리에게는 달아서 먹기에 힘들 수도 있어서 메뉴를 잘 선택해야 한다. 디나모 공원과 하바롭스크 기차역 앞에 있는 라비타가 많이 찾는 지점이다.

주소_ ул. Муравьёва-Амурского 26
영업시간_ 08시 30분~24시
전화_ +7 4212 90-90-00

듀엣
Duet

콤소몰 광장 앞 건너편에 있는 카페로 파란색의 인테리어가 특징이다. 커피와 함께 조각 케이크를 판매한다. 러시아 사람들은 식사를 하고 조각케이크를 커피나 차와 함께 먹는 것이 일반적이다. 디저트 카페로 유명하다.

주소_ ул. Муравьёва-Амурского 4
영업시간_ 09~23시
전화_ +7 4212 20-98-31

생맥주

파니 파자

니Пани Фазани

하바롭스크에서 관광객이 무조건 찾는 최근의 맥주집이다. 체코맥주를 표방하며 서빙하는 직원들은 시끄러워도 손님들과 함께 한다. 4가지의 맛을 가진 맥주를 골라 마실 수 있고 새로운 분위기이기 때문에 인기가 많다.

주소_ ул. Муравьёва-Амурского 3а(1층)
영업시간_ 17~새벽 01시
전화_ +7 4212 94-08-30

구스타프 앤 구스타프

Gustav & Gustav

생맥주를 자체적으로 제조하여 판매하는데 독일식의 맥주와 안주도 독일 소시지가 나온다. 나무 돌림판이 입구부터 인상적이다. 독일식 맥주만을 판매했다면 지금처럼 인기가 있지는 않았을 것이다. 매일 라이브 공연과 직원들의 특이한 복장으로 서빙하면서 인기를 끌고 있다.

주소_ ул. Дзержинского 52
영업시간_ 13~새벽 01시(일~목), 13~새벽 02시(금, 토)
전화_ +7 4212 79-90-09

커피

커피 리퍼블릭
Coffee Republic

주문벨을 주면서 빠르게 커피를 주문하고 마시는 카페이다. 커피뿐만 아니라 케이크도 상당히 달고 맛있다. 퇴근에 맞춰 많은 사람들로 붐비는 장소로 낮시간에 갈 것을 추천한다.
진한 커피와 함께 브런치를 즐길 수 있는 메뉴 중에서 검은 빵 햄버거는 여행추억을 만들어 낼 수 있다.

주소_ ул. Муравьёва-Амурского 50
영업시간_ 08~24시

카페마
Kafema

직접 로스팅한 커피로 인기를 끌고 있는 커피전문점이다. 내부로 들어서면 커피 향으로 차있는 분위기에 매료되는 여성들이 많다.
직원이 커피를 추천해주기도 하고 직접 내려주기도 하지는 진한 사이폰(200루블)과 카푸치노(150루블)를 만날 수 있다. 대부분 중앙광장 인근 지점에 방문하지만 클로버하우스 근처에도 있다.

주소_ ул. Волочаевская 181Б
영업시간_ 09시 30분~19시(월~토), 10~18시(일)
전화_ +7 4212 33-32-92

SLEEPING

하바롭스크 여행에서 관광객에게 가장 좋은 숙소의 위치는 무라비요프-아모르스키 거리 근처이다. 하바롭스크 기차역에서 무라비요프-아무르스키 공원까지 30분 정도면 걸어갈 수 있어 숙소는 걸어다닐 수 있는 거리에 예약하면 된다. 하바롭스크에 아직은 블라디보스토크처럼 많은 관광객이 오지는 않기 때문에 숙소는 많은 편에 속한다. 여름에도 덥지 않은 하바롭스크이지만 요즈음 여름에 무더위가 예전에 비해 많이 발생하고 있으므로 숙소에는 에어컨이 있는 지 없는 지 확인해야 한다.

호스텔은 오전에 체크아웃을 하면 청소를 하고 14시부터 체크인을 하기 때문에 오전에는 체크인을 안 해 주는 숙소가 많다. 오전에는 짐만 맡기고 관광을 하고 돌아와 체크인을 해야 한다. 호텔은 다소 체크인 시간이 아니어도 유동적이지만 호텔마다 직원마다 다르다.

소프카 호텔
Sopka Hotel

아무르 강변의 전망이 가능한 하바롭스크의 대표적인 호텔로 근처에 성당이 있어 더욱 관심이 가게 만든다.
4성급호텔이지만 상대적으로 가격도 저렴하고 직원들의 친절하여 비즈니스 호텔로 주로 사용되었지만 패키지 상품 고객이나 자유여행자들에게까지 인기가 올라가는 호텔이다. 소프카 레스토랑의 스테이크와 해산물도 맛이 좋아 호텔에서 오랜 시간을 머물 수 있는 좋은 호텔로 추천한다.

주소_ Kavkazskaya20(ул. Кавказская 20)
요금_ 트윈룸 5,200루블
전화_ +7 4212 90-51-45

베르바 호텔
Verba Hotel

호텔을 오픈한지 3년이 안 된 3성급 호텔로 시설은 좋고 가격도 저렴하여 비즈니스 고객이 주로 찾는 호텔이었는데 하바롭스크에 관광객이 늘면서 패키지 상품의 호텔로도 사용하고 있다.
이 호텔의 가장 큰 장점은 러시아식 사우나인 반야를 즐길 수 있는 제트 스파를 즐길 수 있다는 점다. 무라비요프-아무르스키 거리에서 가까워 저녁에도 안전하게 다닐 수 있다. 조식은 많이 먹을 수 있지만 메뉴가 많지는 않다.

주소_ 56a Ulitsa Istomina 680000(ул. Истомина 56а)
요금_ 트윈룸 4,666루블
전화_ +7 4212 75-55-52

로터스 호텔
Lotus Hotel

우수리스크 가로수길 과 무라비요프-아무르스키 거리 사이에 있는 호텔로 1층에 루스키 레스토랑을 이용할 수 있는 비즈

니스 고객이 주로 찾는 위치가 너무 좋은 중심에 있는 호텔이다. 하바롭스크 여행할 때 어디든 걸어가기가 편하다. 작은 룸 숫자가 유일한 단점으로 저렴하고 청결한 호텔을 원하는 여행자에게 추천한다. 작은 호텔이고 위치가 찾기가 처음에 어려울 수 있다. 연꽃 그림이 그려진 호텔을 찾으면 된다.

주소_ Ussyriysky Boulevard 9a
(Уссурийский бульвар 9а)
요금_ 트윈룸 5,200루블
전화_ +7 4212 31-01-01

애니그마 호텔
Alexa Old Town Hotel

시베리아 횡단 열차를 이용하는 고객들이 주로 이용하는 여행자에게 추천한다. 직원은 24시간 상주하기 때문에 늦게라도 체크인이

가능하고 기차역과 레닌 광장에서 가까워 디나모 공원과시가지 관광이 편하게 이루어진다. 방이 다른 호텔보다 좁지만 조식은 적절하고 맛이 있지는 않다.

주소_ Ulitsa Leningradskaya 73A 680021
(ул. Ленинградская 73а)
요금_ 트윈룸 3,200루블
전화_ +7 4212 64-30-00

아무르 호텔
Amur Hotel

에어컨과 욕실까지 있는 넓고 쾌적한 호텔로 길가에 있고 버스 정류장 앞에 호텔이 있어 찾기 쉽다. 오래된 호텔이라 건물의 외벽이 수리 중이라 허름할 거 같지만 내부는 괜찮다.
시가지에서 도보로 1분 이내에 관광지를 갈 수 있어 관광은 어렵지 않다. 냉장고와 에어컨, 드라이기까지 비치되어 여성들

이 좋아하고 조식도 상당히 많은 재료가 준비된다. 다시 머물고 싶은 가성비가 아주 좋은 호텔로 추천한다.

주소_ Leina Street29(ул. Ленина 29)
요금_ 트윈룸 4,500루블
전화_ +7 4212 22-12-23

하바롭스크 호텔
Khabarovsk Hotel

자유여행자에게 인기가 높은 호텔로 걸어서 10~15분 정도의 거리에 있어 시내

하바롭스크 호텔

중심으로 이동도 편리하다.
가격이 적당하고 시설이 좋다. 공간이 넓고 직원이 친절하여 더 오래있고 싶다는 생각이 든다. 근처에 디마노 공원과 마트 등이 있어 늦은 시간에 다녀도 위험하지 않다.

주소_ Volochaevskaya 118(ул. Щеронова 118)
요금_ 트윈룸 4,500루블
전화_ +7 4212 22-12-23

카푸치노 호스텔
Capuchino Hostel

기차역에서 가깝고 디나모 공원 근처에 있어서 시베리아 횡단열차를 이용하는 배낭여행객이 주로 이용한다. 주인 아주

머니는 친절하고 가격이 저렴하지만 마트도 근처에 위치해 있다.
집 같은 분위기에 침대도 편하고 아침 식사도 푸짐하다. 다른 호스텔은 저녁 늦게 도착하면 체크인에 문제가 발생하는 데 24시간 프런트가 운영 중 이어서 체크인에 문제가 발생하지 않고 찾아가는 길도 쉽다. 조용하고 정을 느낄 수 있는 호스텔로 추천한다.

주소_ Volochaevskaya 118(ул. Ким Уена 35apt 31)
요금_ 트윈룸 700루블
전화_ +7 9141 58-02-19

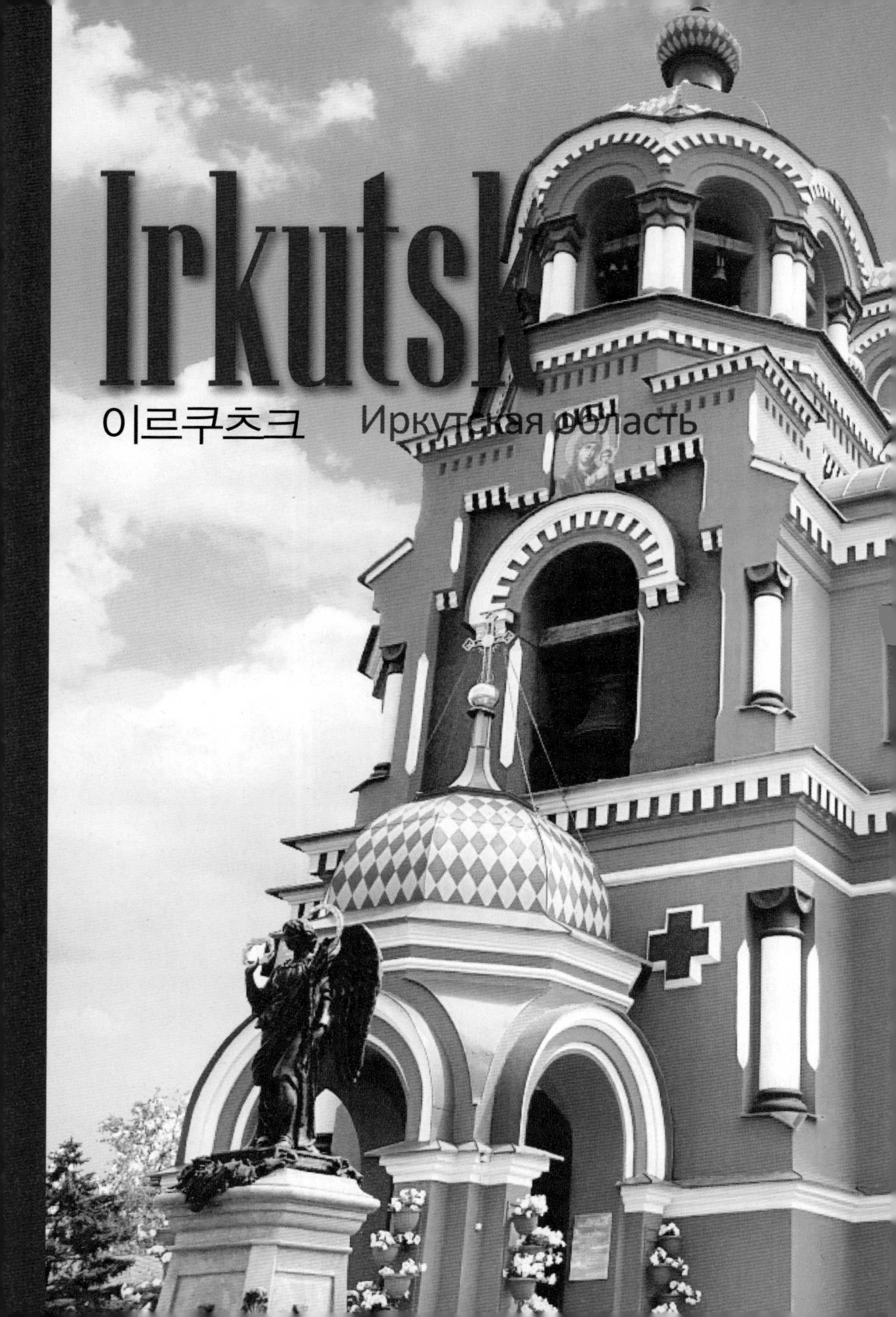
Irkutsk
이르쿠츠크
Иркутская область

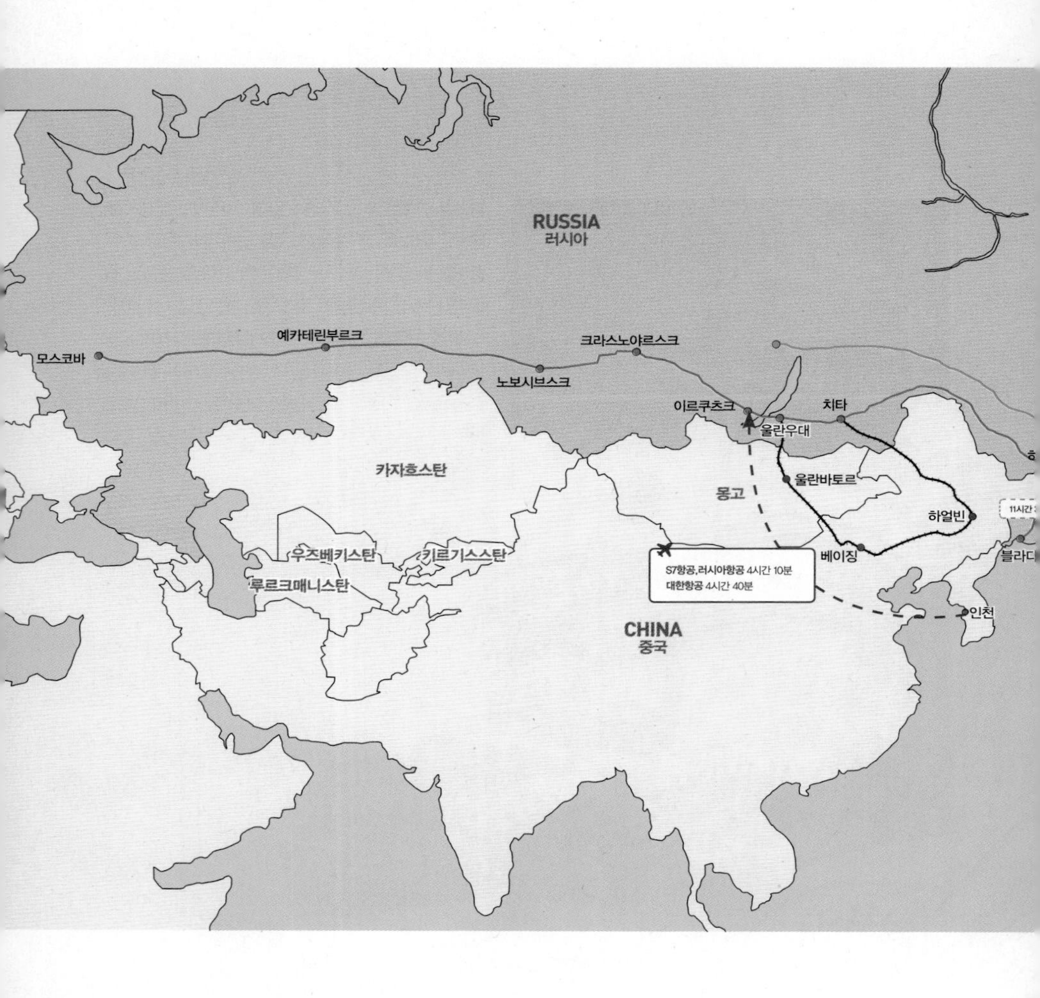

시베리아에 있는 러시아의 도시이자, 이르쿠츠크 주의 주도이다. 이르쿠트 강이 안가라 강과 합류하는 지점에 위치한 시베리아에서 가장 큰 도시 중의 하나로 인근의 바이칼 호수와 시베리아 횡단철도가 지나가는 도시로 시베리아 횡단열차의 핵심도시이다. 모스크바와는 시베리아 철도로 연결되어 있고, 앙가라 강과 바이칼 호수를 잇는 정기선이 있어 러시아의 극동지역과 우랄 지역 · 중앙아시아를 연결하는 동부 시베리아의 교통 요충지이다. 바이칼 호수에서 흘러나온 아름다운 안가라 강(예니세이강 지류)은 이르쿠츠크를 통과한 뒤 시베리아를 거쳐 북극해로 흘러 들어간다.

한눈에 보는 이르쿠츠크

위치_ 시베리아에 위치해 있는 주(2008년 1월 1일 우스티오르딘스키부랴트 자치구와 통합)
면적_ 767,900㎢(러시아 전체 면적의 4.6%)
인구_ 620,099명
인종_ 러시아인(89.9%), 부랴트족(1.6%), 우크라이나인(2.1%)
산업_ 기계 제조(광업, 전기 · 공작), 목재 가공, 모피, 식료품 등
대학_ 이르쿠츠크 국립 대학교, 이르쿠츠크국립언어대학교,
이르쿠츠크국립기술대학교 등

기후

대표적인 한랭 기후 지역으로 전형적인 대륙성 기후를 띠고 있다. 한랭한 기후로 짧고 서늘한 여름과 길게 이어지는 혹독한 추위의 겨울이 특징이다. 여름에는 서늘하기 때문에 관광객이 몰려드는 시기로 이르쿠츠크에 가장 많은 외지인이 몰려드는 시기이다.
여름과 겨울의 기온 차는 30~75℃까지 차이가 난다. 유라시아의 1~2월 평균 기온은 열차 10℃ 전후이지만 이르쿠츠크는 내륙이기 때문에 영하 20℃까지 내려가는 경우가 흔하다.

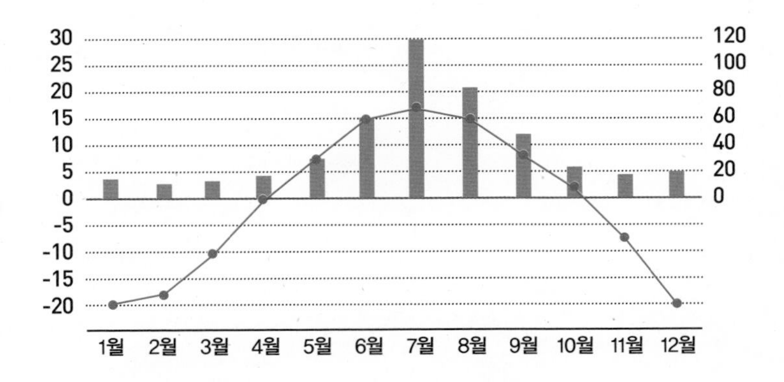

한눈에 이르쿠츠크 파악하기

마모니에서 남동쪽 방향으로 8㎞ 정도 거리에 있는 이르쿠츠크-바이칼 호수에 사는 인구는 약 600,000명이다. 수도인 모스크바에서는 남동쪽 방향으로 약 4,200㎞ 떨어져 있는 시베리아 횡단열차의 중심에 있는 대표적인 도시이다.

키로프 광장부터 대부분 여행을 시작한다. 이곳을 지나며 다른 관광지로 가기에 알맞은 곳이다. 이르쿠츠크 설립자 기념비, 알렉산더 3세 동상도 여행객이 많이 찾는 관광지이다. 동

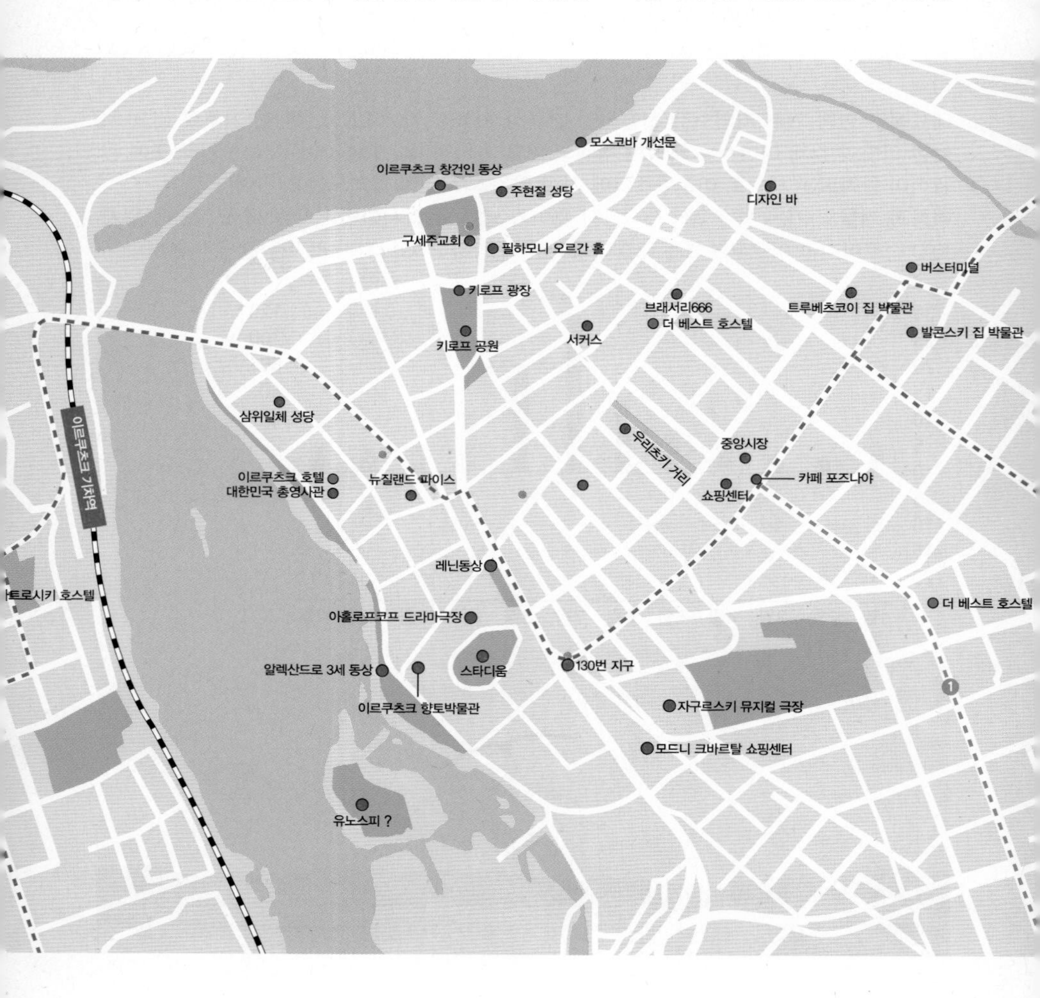

시베리아 철도 역사박물관, 이르쿠츠크 민속 박물관, 항공 박물관, 커뮤니케이션 박물관에서는 흥미롭고 다양한 전시물을 비롯해 풍부한 볼거리가 있다.
신기한 과학 모형과 전시물로 잘 알려진 동시베리아 과학박물관도 유명하다. 이르쿠츠크 주립기술대학 광물 박물관, 지질박물관에서 자연계와 자연의 역사에 대해 알아볼 수 있으며, 바이칼 박물관, 자연사 박물관도 들러봐야 하는 박물관이다. 예술을 사랑한다면 이르쿠츠크 지역 미술관, 스카체프 미술관을 찾아가자.

이르쿠츠크 주립기술대학 역사박물관에는 전시물을 통해 유용한 역사적 지식을 알 수 있고 블라디미르 수카쵸프 사유지 박물관, 이르쿠츠크 지역 박물관도 다양한 역사적 전시물이 가득한 인기 명소이다.

무명용사의 묘, 이르쿠츠크 주립대학교, 볼콘스키 하우스 박물관에 가면 지역에서 일어났던 중요한 과거 사건을 알게 된다. 브고야브렌스키 성당, 구세주의 교회, 그리스도 현현 교회, 성 십자가 성당은 이르쿠츠크의 종교적 특색을 경험할 수 있는 유명한 곳이니 시간을 내어 방문해 볼 필요가 있다.

라스트 비엥카

인근 도시인 이르쿠츠크에서 남쪽 방향으로 약 4㎞ 떨어진 곳에 위치해 있다. 문화적인 바이칼 호소생물박물관, 탈치 목조 민속 박물관은 인기 관광지이다. 대부분 가이드 투어를 해야 제대로 바이칼 호수지역을 볼 수 있다. 볼거리가 많아 개인적인 이동으로는 한계가 있다.

ISC SB RAS 바이칼 박물관 같은 자연사 박물관에서는 다채롭고 흥미로운 표본을 둘러보는 것도 좋지만 몰랐던 지식도 얻을 수 있다. 성 니콜라이 교회에 들러 종교적으로 유명한 성지의 평화로운 분위기를 사진에 담는 관광객이 많다.

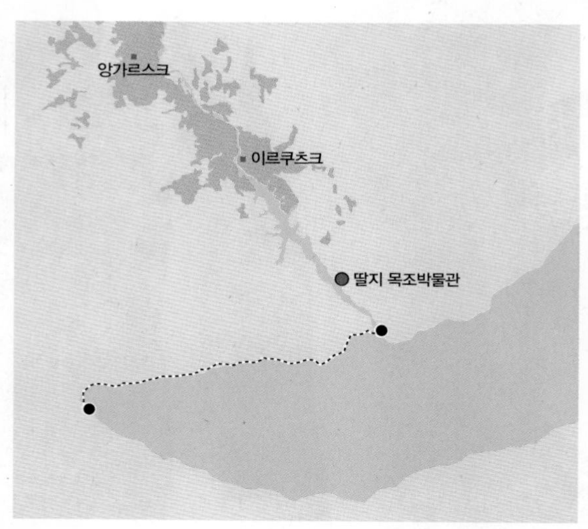

About 이르쿠츠크

시베리아 횡단열차의 핵심

러시아의 정중앙이자 바이칼 호숫가에서 멀지 않은 이르쿠츠크는 시베리아 횡단열차의 핵심지역이다. 블라디보스토크에서 모스크바까지 이어지는 9,288km 거리의 시베리아 횡단열차의 중간 기착지이기도 한 이르쿠츠크는 철도 여행 중 하이라이트가 되는 지점이다. 시베리아 횡단철도를 타고 여행하는 여행자들에게 가장 인기 있는 중간 경유지인 이유는 역시나 근교의 바이칼 호수 때문이다. 이르쿠츠크는 바이칼 호수와 붙어 있지는 않다. 버스를 타고 1시간 거리의 호수 관광도시인 리스트뱐카로 가든지 호수 가운데의 알혼 섬으로 가야 바이칼 호수를 볼 수 있다.

바이칼 호수Óзеро Байкáл

비경인 바이칼 호를 관광하러 갈 때 베이스캠프 역할을 하는 도시이다. 러시아의 시베리아 남쪽에 있는 호수로, 북서쪽의 이르쿠츠크 주와 남동쪽의 부랴트 공화국 사이에 자리 잡고 있다. 남쪽에는 후브스굴 호이 있으며 현지인들은 두 호수를 자매 호수라고 부른다. 유네스코의 세계유산이며, 이름은 타타르어로 "풍요로운 호수"라는 뜻의 바이쿨에서 왔다. 약 2천5백만~3천만 년 전에 형성된 지구에서 가장 오래되고, 가장 큰 담수호이다.

환 바이칼 철도Кругобайка́льская желе́зная доро́га

러시아의 이르쿠츠크 지역에 있는 철도Circum-Baikal Railway이다. 환 바이칼 철도는 시베리아 횡단철도에서 포트 바이칼부터 쿨툭까지의 구간을 말한다.

러시아 지식인의 도시

프랑스 황제 나폴레옹의 러시아 원정을 방어하고 파리까지 공격해 들어가면서 서유럽의 분위기를 경험한 장교들이 주축이 되어 일으킨 데카브리스트의 난으로 수많은 러시아의 지식인들이 이곳으로 유형을 오게 된 것이었다. 당시 보잘것 없는 개척도시였던 이르쿠츠크는 이들의 영향으로 시베리아 한복판에 발전된 문화와 예술을 꽃피웠으며 이를 통해 시베리아의 파리라는 별명을 얻기도 하였다. 이후 시베리아의 대표적인 유형지로 볼셰비키에 이르기까지 많은 고학력 범죄자들은 이 도시 문화의 마르지 않는 원천이 되었다.

시베리아의 파리

발전된 문화와 예술로 시베리아의 파리라는 별명을 갖고 있으며, 현재도 소비에트 형식의 딱딱한 건물과 고전풍의 건물이 미묘한 조화를 이루고 있다. 이르쿠츠크는 러시아 정교회의 대주교좌가 놓여 있고 극장, 오페라 등의 문화 시설도 갖추고 있다. 이러한 건축물은 시베리아에 억류된 일본인에 의해 지어진 것도 많다. 황금색 테두리에 여러 가지 성화가 장식되어 있는 돔이 첫눈에 들어오는 즈나멘스키 수도원이 장엄한 분위기를 풍긴다. 이 수도원은 키로프 광장으로부터 우샤코프카 다리 건너편에 있다.

대학 타운

이르쿠츠크 국립대학교, 이르쿠츠크 국립언어대학교, 이르쿠츠크국립기술대학교 등이 위치해있는데 이들은 모두 러시아 내에서도 명문으로 손꼽힌다. 우리나라 대학들과도 MOU가 상당수 체결되어있어 한국으로 교환학생을 오는 러시아 대학생들의 많은 수가 이 도시의 대학교 출신이다.

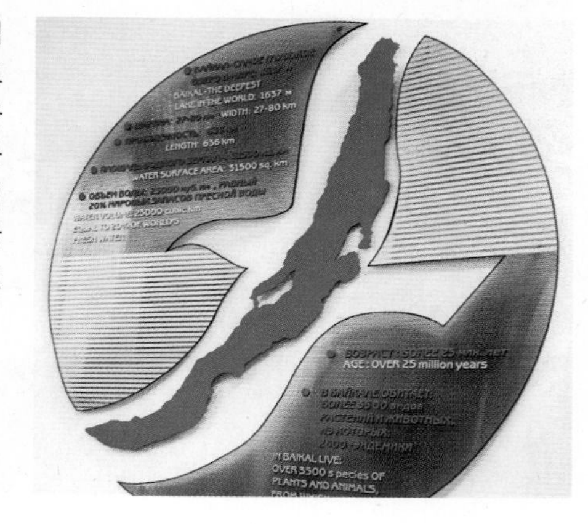

아시아 + 유럽

모스크바에서 4,203㎞ 떨어져 있는 이르쿠츠크는 아시아적인 동시에 유럽적인 도시다. 이곳에는 러시아와 부랴티야 민족의 풍습이 절묘하게 혼합되어 있다. 이는 두 민족의 음식 특색을 모두 맛볼 수 있는 현지 음식에 특히 잘 드러난다.
러시아의 정중앙에 위치해 있기도 하지만 몽골의 울란바토르에서도 멀지 않다. 그래서 시베리아 횡단 열차에서 가장 핵심적인 도시는 이르쿠츠크라고 이야기한다.

역사

옛날에는 중앙 정부로부터 추방당한 사람들이 유배를 간 곳이지만, 이들 덕분에 도시가 크게 발전 할 수 있었다.

1652년
코사크 부대가 앙가르 강의 하류에 세운 야영지가 시초였다. 1686년 도시로 승격될 때까지만 해도 작은 규모였다.

17세기 중반
카자크 부대의 야영지를 기초로 마을이 형성되었고, 1686년에 러시아 중앙 정부에 도시로 등록되었다.

17세기 말
중국과 몽골로 통하는 무역으로 인해 급격히 발달되었다.

1760년
모스크바로 연결되는 도로가 건설되어 동 시베리아의 무역 중심지로 발돋움하였다. 주로 중국과 몽골의 수입품 및 금, 다이아몬드, 모피 등 시베리아 특산품이 거래되었다.

19세기
시베리아의 문화, 예술, 사회, 경제의 중심지로 성장하였다.

20세기 초
러시아 철도 시베리아 횡단철도가 건설될 때 이르쿠츠크를 경유하게 되었다. 적백내전 때에는 적군과 백군이 패권을 다툰 중요한 요충지였고, 한때는 동시베리아 연방 관구의 본부가 잠시 위치하기도 하였다.

20세기 중~현재
산업화가 강하게 진행되면서 근처 앙가라 강에 대규모 저수지가 건설되었다.

독립운동의 근거지
일제강점기 당시에는 한국인 공산주의 계열 독립운동 세력에게 중요한 근거지였다. 역사적 배경 때문인지 대한민국과 인연이 없을 것 같지만 이르쿠츠크에도 한국 총영사관이 있다. 강릉시와 자매결연이 되어있다.

이르쿠츠크를 여행하기 전에 알아야 할 지식

시베리아의 '파리'라는 별명을 얻게 된 이유?

변방의 땅에 있다는 것이 믿어지지 않을 정도로 아름답게 정비되어 있다. 특히 키로프 광장 부근에는 3개의 아름다운 교회가 더욱 운치가 있다.

별명을 얻게 된 비밀은 바로 데카브리스트 혁명을 주도한 트루베츠코이와 볼콘스키의 저택 안에서 찾아볼 수 있다. 서로 멀지 않은 곳에 위치한 두 집은 얼핏 보면 주변의 집들과 큰 차이를 느낄 수 없다. 그러나 나무 대문을 삐걱 열고 안으로 들어가 보면 19세기 상트페테르부르크의 여느 귀족 저택 못지않게 화려하고 고급스럽게 꾸며진 것을 볼 수 있다.

1812년 나폴레옹 전쟁에서 승리하고 돌아온 러시아 귀족 청년들은 새로운 문제에 직면한다. 적전지인 파리에서 경험한 유럽 사회에는 자유주의 사상이 널리 퍼진 반면, 조국 러시아에서는 농노제와 전제 정치로 인해 농민들의 실상이 여전히 비참했다. 그들은 비밀 결사대를 조직해 위로부터의 혁명을 꿈꾼다.

데카브리스트

1825년 황제 니콜라이 1세에 대한 충성 선서식이 예정된 날 농노제와 전제 정치의 폐지를 외치며 봉기했으나 실패로 끝나고 말았다. 러시아어로는 '데카브리'라고 하는 '12월'에 반란을 일으킨 이들을 일컬어 '데카브리스트'라 한다. 주동자 5명은 바로 교수형에 처해졌고 가담한 청년 장교들은 시베리아로 유배되었다.

많은 러시아 문인들이 그들의 신념에 탄복해 작품을 남겼는데, 특히 친밀한 관계를 유지하던 푸시킨은 여러 편의 시를 헌정했다. 전제 정치에서 벗어나 농민들에게 자유를 주고자 한 데카브리스트들의 열망은 동시대인들에게 감명을 주었고, 저 멀리 시베리아의 척박한 땅에도 뿌리를 내리게 되었으며, 그들의 다방면으로 높은 식견은 지역 문화와 예술의 발전에 큰 영향을 주었다.

음식

이르쿠츠크에는 러시아적인 음식뿐만 아니라 바이칼호수에서 나오는 청정 먹거리가 많다.

오물

가장 인기가 좋은 훈제인 오물은 이 지역에서 가장 흔히 볼 수 있는 생선이다. 호수 깊은 곳에 살며 몸이 지방으로만 이루어져 햇빛 아래에서 바로 녹아버린다는 '골로카'도 이곳에서만 맛볼 수 있는 별미다.

오물

추이반

이르쿠츠크 사람들이 가장 좋아하는 음식은 아마 추이반일 것이다. 일단 만들기가 아주 쉽고 둘째로 맛있으며 든든하다. 추이반은 고기와 볶은 국수 요리이다. 그런데 지역 주민은 이 요리를 특히 향긋하고 영양가 있게 해주는 비결을 알고 있다. 삶은 국수를 고기와 양파와 함께 볶아 특유의 맛과 향을 낸다. 추이반을 먹을 때는 언제나 타라순이나 그보다 도수가 약한, 후렘게라는 초록빛이 뿌옇게 나는 소젖술을 내온다.

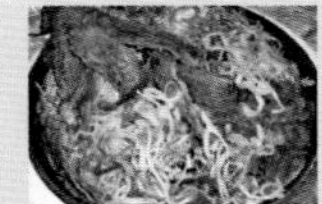
추이반

만두

만두의 기원은 옛날 중국의 삼국시대에서 시작한다. 촉한의 승상이었던 제갈량이 남만을 정벌하고 돌아오는 길에 여수(濾水)에 이르러 풍랑이 심해서 강을 건널 수 없게 되었는데, 남만 인들에게 묻자 49명의 머리를 바쳐서 남만 정벌에서 죽은 사람들의 영혼들을 위로하여 수신을 달래야 한다고 들었다. 하지만 제갈량은 사람의 머리를 대신하여 밀가루 반죽으로 사람의 머리 모양을 만들어서 그 안에 쇠고기, 양고기와 야채를 섞은 것을 넣고 싸서 그것을 공물로 바쳐 수신의 노여움을 달랬다고 하는 고사로부터 유래한다는 곳이 정설이다. 음식 평론가인 황교익은 만두라는 것이 밀이 생산된다면 어디든 만드는 것이기 때문에 중국이 만두의 시초는 아니라고 주장하기도 한다.

만두라는 단어는 밀의 발상지인 서아시아 지방의 우즈베키스탄과 터키 등에서 만두를 부르는 단어가 '만트'이며 실제로 중국 사서에 만두라는 단어가 등장한 시기를 근거로 제분 기술조차도 삼국시대 끝무렵에나 들어온 것이 아니냐는 추측도 존재한다.

러시아와 폴란드에서도 펠메니(пельмень), 피로시키 혹은 피에로기(Pierogi)라고 부르는 만두를 먹는다. 13세기에 동유럽과 러시아를 몽골인들이 점령했을 때 영향을 받은 것으로 보고 있다. 그 외에 양고기나 돼지고기를 넣은 사므사, 피로시키보다 조금 더 큰 만티 등의 만두도 먹는다.

조지아에도 낀깔리(Khinkali)라는 만두가 있다. 낀깔리는 만두 안에 소고기를 넣고 만두 위에 고수와 후추를 뿌려 먹는다. 유래는 뻴메니와 비슷하다.

이르쿠츠크(Иркутск) 여행 계획 짜기

러시아의 정중앙이자 바이칼 호숫가에서 멀지 않은 이르쿠츠크는 시베리아 횡단열차의 핵심지역이다. 블라디보스토크에서 모스크바까지 이어지는 9,288㎞ 거리의 시베리아 횡단열차의 중간 기착지이기도 한 이르쿠츠크는 철도 여행 중 하이라이트가 되는 지점이다. 시베리아 횡단철도를 타고 여행하는 여행자들에게 가장 인기 있는 중간 경유지인 이유는 역시나 근교의 바이칼 호수 때문이다.

시베리아 횡단열차를 타고 모스크바까지 가는 여정은 쉽지 않은 기차여행이다. 그래서 많은 관광객들이 블라디보스토크에서 이르쿠츠크까지의 구간을 가장 많이 이동한다. 이르쿠츠크는 바이칼 호수가 있기 때문에 이르쿠츠크까지 열차를 타고 여행하려고 한다. 대한민국의 여행자는 대한항공과 러시아항공, S7 항공을 이용해 시베리아 횡단열차를 1주일정도 여행할 수 있다.

미리 알고 있어야 할 시베리아 횡단열차 지식

시베리아 횡단열차를 타고 블라디보스토크에서 이르쿠츠크까지 가려면 열차 안에서 3박을 해야 도착할 수 있다는 사실을 인지하고 있어야 한다. 기차로 22시간 36분이 소요되는 거리이다. 블라디보스토크에서 하바롭스크는 야간 기차로 11시간 15분이 소요되며, 하바롭스크에서 이르쿠츠크까지 다시 1박을 하면서 9시간 21분이 소요된다.

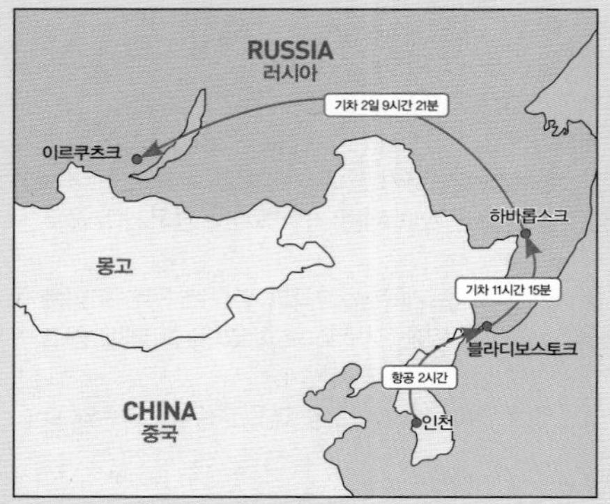

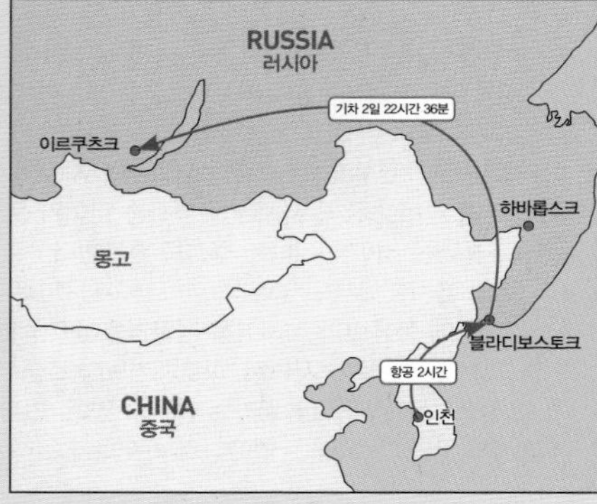

1. 블라디보스토크와 연계된 여행계획

이르쿠츠크는 시베리아 횡단철도의 핵심으로 블라다보스토크와 같이 여행을 하면 7~10일 정도의 시간이 가장 적당하다. 7일이라면 빠듯한 일정이 될 것이다. 이르쿠츠크로 들어가서 블라디보스토크로 나올지 반대로 일정을 계획할지 결정해야 한다. 또한 블라디보스토크와 하바롭스크, 이르쿠츠크를 러시아 국내선 항공을 이용할지 시베리아 횡단열차를 이용할지 결정해야 한다. 대부분의 여행자는 시베리아횡단 열차를 이용한다.

9일 코스 라디보스토크 → 하바롭스크 → 이르쿠츠크

블라디보스토크 2박3일 → 시베리아 횡단 열차 야간 21시탑승, 다음날 08시 30분에 하바롭스크 도착 → 하바롭스크 1박 2일 → 시베리아 횡단열차 타고 울란우데 이동 → 울란우데 당일여행 → 시베리아 횡단열차 타고 이르쿠츠크 이동 → 이르쿠츠크 2박 3일(바이칼호수 투어포함) → 이르쿠츠크 공항 출발

8박 10일 이스타 항공을 이용한 금요일 밤 출발 → 월요일 인천공항 도착

금요일 22 : 45 출발 → 블라디보스토크 1박 3일(토, 일요일) → 시베리아 횡단 열차 일요일 야간 21시 탑승, 다음날 08시 30분에 하바롭스크 도착 → 하바롭스크 1박 2일 → 시베리아 횡단열차 타고 울란우데 이동 → 울란우데 당일여행 → 시베리아 횡단열차 타고 이르쿠츠크 이동 → 이르쿠츠크 2박 3일(바이칼호수 투어포함) → 이르쿠츠크 공항 출발

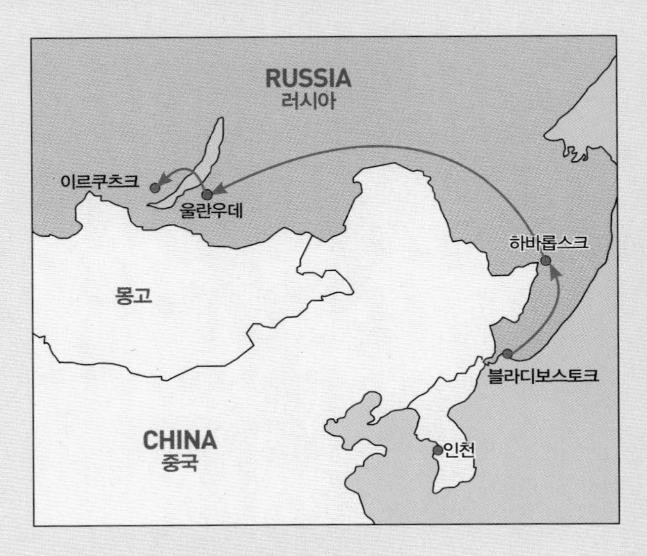

8일 코스 이르쿠츠크 중심

블라디보스토크 1박 2일 → 시베리아 횡단 열차 야간 21시탑승, 다음날 08시 30분에 하바롭스크 도착 → 하바롭스크 1박 2일 →시베리아 횡단열차 타고 울란우데 이동 → 울란우데 당일여행 → 시베리아 횡단열차 타고 이르쿠츠크 이동 → 이르쿠츠크 2박 3일(바이칼 호수 투어포함) → 이르쿠츠크 공항 출발

8일 코스 블라디보스토크 중심

블라디보스토크 2박 3일 → 시베리아 횡단 열차 야간 21시탑승, 다음날 08시 30분에 하바롭스크 도착 → 하바롭스크 1박 2일 → 시베리아 횡단열차 타고 울란우데 이동 → 울란우데 당일여행 → 시베리아 횡단열차 타고 이르쿠츠크 이동 → 이르쿠츠크 1박 2일(바이칼 호수 투어포함) → 이르쿠츠크 공항 출발

7일 코스 핵심 시베리아 횡단열차

블라디보스토크 1박 2일 → 시베리아 횡단 열차 야간 21시탑승, 다음날 08시 30분에 하바롭스크 도착 → 하바롭스크 1박 2일 → 시베리아 횡단열차 타고 울란우데 이동 → 울란우데 당일여행 → 시베리아 횡단열차 타고 이르쿠츠크 이동 → 이르쿠츠크 1박 2일(바이칼 호수 투어포함) → 이르쿠츠크 공항 출발

2. 이르쿠츠크만의 여행계획

러시아 항공은 매일 운항하고 있지만 대한항공이 월, 수, 금요일(4/1~10/26)에 취항하고 있기 때문에 항공 일정을 확인해 계획한다. 이르쿠츠크만의 여행은 1박2일이나 2박3일의 일정이 대부분이다.

1박 2일

1일차

130번 지구 → 향토 박물관 → 알렉산드르 3세 동상 → 레닌 동상 – 레닌 거리 – 수카초프 미술관 – 키로프 정원 – 구세주 교회 – 영원의 불꽃 – 모스크바 개선문 – 즈나멘스키 수도원

2일차

라스트 비엔카

3일차

바이칼 호수 일혼섬

이르쿠츠크 IN

공항에서 시내 IN

공항에서 시내로 4번 트롤리 버스나 역까지 가는 20번 버스를 타고 약 30분 정도 이동하면 된다. 자신의 숙소 위치를 확인해 내리는 역의 이름을 운전기사에게 알려주면 기사가 알려줄 수 있도록 하는 것이 잘못 내리는 것을 방지하는 방법이다.

버스

칼막스(ул. Карла Маркса) 거리
(메리어트 호텔 / 42, 43번)
중앙시장~레닌(ул. Ленина)거리
(메리어트 호텔 / 90, 480번)

트롤리 버스

중앙시장~레닌(ул. Ленина)거리
(메리어트 호텔 / 4번)

미니버스

칼막스(ул. Карла Маркса) 거리~메리어트 호텔~기차역 (20번)

시베리아 횡단열차

시베리아 횡단 열차를 이용하면 블라디보스토크에서 모스크바로 가는 상행선은 3박을 하고 24(00)시 40분에 도착한다. 모스크바에서 블라디보스토크로 가는 하행선은 3박 후 05시 37분에 도착한다.

이르쿠츠크 역

앙가라 남쪽에 위치한 이르쿠츠크역은 시내 중심과 조금 떨어져 있다. 역에서 트램이나 버스를 타고 앙가라 강을 건너 시내 중심으로 10분 정도면 이동할 수 있다.

시베리아 횡단철도 선상에서 중간에 가깝게 위치한 도시인지라, 무정차 근성으로 7일 걸리는 철도여행을 막기 위한 중간 기착지 역할을 하기도 한다. 이르쿠츠크는 화물역과 승객역이 나뉘어져 있지만 화물역에서도 승객 취급을 한다. 비록 승객역도 시내에서 약간 떨어진 곳에 위치하긴 했지만 화물역에 비할 바 아니라 특수한 경우가 아닌 이상 승객역을 이용해야 한다.

혼동하지 말자!

러시아 철도는 함정카드 마냥 매우 불친절하게도 이걸 키릴 문자 그대로 옮겼을 뿐 적절한 번역을 해놓질 않아서 아마 혼동을 하는 사람들도 있을 것이다.
Иркутск-Пасс(Irkutsk–Pass) 라고 적혀 있는 것이 승객역, Иркутск-Сорт(Irkutsk–Sort)라고 표시되어 있는 것이 화물역이다.

버스

버스로 이르쿠츠크를 오는 여행자는 거의 없다. 만약에 버스를 이용해 이르쿠츠크로 이동해도 버스터미널이 시내 중심에 있기 때문에 걸어서 대부분의 숙소는 이동이 가능하다. 버스터미널에서 2블록만 이동하면 볼론스키 집 박물관에 도착할 수 있을 정도로 시내 중심에 있다.
버스터미널은 주로 인근 지역으로 이동하는 버스를 타는 현지인이 주로 이용한다. 바이칼스크, 타이세트 등으로 가는 버스가 운행하고 있다. 바이칼 호수를 가려는 여행자가 리스트비엔카, 알혼 섬의 후쥐르 마을로 가는 버스도 있지만 예약제로 운영하고 있다.

시내교통

러시아의 모든 도시에 주된 대중교통은 시내버스, 트램, 트롤리버스가 있다. 이르쿠츠크의 대중교통은 15루블이라는 매우 저렴한 가격과 짧은 배차간격이 장점이다.
이르쿠츠크역 앞으로 가보면 택시 호객이 꽤 많지만 거리가 전혀 멀지 않아 새벽에 도착하지 않는 이상 택시를 탈 일이 거의 없다.

트램(Трамвай)

대한민국 여행자가 가장 신기한 시내 교통망이 트램Трамвай이다. 러시아의 소도시에는 대부분 트램이 대중교통의 중심 역할을 한다. 4개 노선이 운행하고 있는데 기차역을 1, 4a번 노선이 130번 지구와 중앙시장 역을 지나간다.

트램 타는 방법

도로 한가운데에는 수많은 자동차 사이로 박물관에서나 볼 수 있을 법한 낡은 트램이 덜컹거리며 지나간다. 요금은 어떻게 내야 하나 고민할 때 쯤 검표원이 돈을 받기 위해 바로 앞에 서 있다. 요금은 15루블(300원 정도)로 동전을 준비하는 것이 편리하다. 액수가 크지 않은 지폐는 검표원이 받아서 묵직한 허리 색에서 거스름돈과 티켓을 내어준다.

트롤리버스(Троллейбус / Автобус)

트램이 시내의 중심지역을 지나간다면 버스는 시내 곳곳을 이동하기 때문에 원하는 지역을 가려면 대부분 버스를 이용

하면 된다. 대한민국의 중고버스가 버스로 이용하고 있어서 버스에 한글을 볼 수 있기도 하다.

미니버스(Маршрутка)

이르쿠츠크 시내에서 이용하는 버스가 아니고 이르쿠츠크 인근의 바이칼 호수를 보기 위해 이동하는 리스트비엔카나 일혼 섬을 보기 위해 이동하는 경우가 사용하는 버스가 미니버스이다.

택시(Такси)

이르쿠츠크에서 택시를 이용할 경우는 거의 없다. 급하게 공항을 이동하게 된다면 사용할지 모르지만 평소에 이용하지 않을 것이다. 택시를 이용한다면 막심 어플을 이용해 탑승하고 길에서 택시를 잡지는 말자.

한눈에 이르쿠츠크 파악하기

시베리아의 도시치고는 역사와 문화가 많이 쌓인 도시라 데카브리스트 귀족들의 저택들이나 이런저런 러시아 정교 수도원, 목조건물이 모여 있는 130 지구 등 관광지도 있고, 크고 작은 공원도 많다. 최근에는 호텔도 나아지고, 관광안내소나 관광지도도 많이 생겼고 바이칼 호로 가는 버스도 많아졌다.

키로프 광장 근처에는 3개의 아름다운 교회가 있는데 그 중에 2개의 교회는 현재 박물관으로 사용되고 있다. 구형 자동차와 트램이 달리고 그 사이를 짐을 실은 마차가 경쾌하게 달려가는 장면도 볼 수 있다. 19세기에 그대로 멈춘 듯 느릿느릿 발길 닿는 대로 걸어 다니기에 좋다. 어깨를 맞대고 나란히 서 있는 목조 가옥들의 같은 듯 다른 문양과 집주인의 개성이 드러나는 알록달록한 칠을 구경하는 재미가 쏠쏠하다.

130지구

슬슬 걷다가 반복되는 고택과 가로수가 지루해질 때쯤엔 130지구에 들러 지친 다리를 쉬어가며 여유 있는 식사 시간을 즐길 수 있다. 130지구는 18세기 초반 형성된 목조 가옥 마을로, 불에 타 폐허가 된 지역을 도시 설립 350주년을 기념하며 현대식으로 깔끔하고 세련되게 새로이 조성했다.
현재는 이 도시에서 가장 번화한 곳으로 젊은이와 여행객의 발걸음이 끊이지 않는다. 젊은이들이 모여드는 작지만 세련된 쇼핑몰인 모드니 크바르탈Модный квартал이 세도바 거리ул. Седова로 이어진다.

거리 초입에 세워진 이르쿠츠크 심벌인 바브르бабр가 흑담비를 물고 있는 동상 앞에서 기념사진을 찍는 것도 필수 코스다. 18세기 주변 타이가 지역에서 서식하던 호랑이인 바브르бабр는 전설의 동물로 남았다.

주소_ ул. Седова~ул. 3 Иоля
위치_ 트롤리버스 3, 4, 5, 7, 8번 스타지온 트루드Стадион Труд에서 하차

알렉산드르 3세 동상

Алекса́ндр III Александрович

지금은 앙가라 강변 공원의 대표적인 동상으로 가가린 산책로에 위치해 있다. 혁명으로 처형당한 니콜라이 2세의 아버지인 알렉산드르 3세 알렉산드로비치 Алекса́ндр III Александрович의 5.5m 높이의 동상이다. 시베리아 횡단철도의 건설을 처음 시작한 장본인으로 시베리아 횡단철도가 완공된 것을 기념하기 위해 1908년에 만들어졌다. 러시아 혁명이 일어나면서 1920년에 철거되었다가 시베리아 횡단철도 건설 100주년을 기념하기 위해 2003년에 원래 모습대로 복원되었다.

왼손에 모자를 들고, 주먹을 굳게 쥔 오른손은 팔등을 들고 있다. 동상 밑에 시베리아의 정복자인 에르막Ермак, 총독인 스파란스키Сперанский, 무리비요프Муравьёв의 조각상이 조각되어 있다. 정면에 두 마리의 독수리가 철도의 시작을 알려주는 왕의 칙령을 들고 있다.

주소_ бульвар Гагарина

위치_ 그린라인 1번

알렉산드르 3세

1845년 3월 10일 당시 황태자였던 알렉산드르 2세와 마리아 황후 사이에서 차남으로 출생했다. 어린 시절의 이름은 '사샤'로 불렸다. 러시아 황제라는 자리에 관심이 없었고 형 닉사와 대조적으로 단순한 성격의 소유자였다. 그러나 형 닉사가 결핵으로 세상을 떠나서 그는 이어 황태자로 책봉된다.

황태자 시절부터 반동세력에 가담하여 자유주의에 대항하였던 그는 아버지 알렉산드르 2세가 폭탄 테러로 암살당하자 국민들에 대한 뿌리 깊은 불신을 갖게 되었다. 그는 전제군주제를 강화하고 수호하는 데 노력을 아끼지 않았으며, 이를 저해하는 것은 무엇이든 용납하지 않았다.

즉위 초기에는 선제가 만들어놓은 개혁의 분위기가 지속되었으나 시간이 흐르면서 본격적인 반동정치로 일관하였다. 후계자인 아들 니콜라이에게도 자신의 사상을 주입시켰고 니콜라이 2세 80여 년간(1830년대~1910년대 후반) 계속된 반동정치와 전제정치는 러시아 혁명이라는 참극을 만들었다.

알렉산드르 3세 정부는 의회민주주의와 언론의 자유, 보통교육 등과 같은 기본적인 것들마저 용납하지 않았다. 오직 전제정치와 러시아 정교회, 그리고 국가를 우선시하는 국가주의만이 러시아를 보전할 수 있다고 굳게 믿었다. 이 때문에 한동안 혁명분자들의 활동은 물론 온건한 자유주의자들까지도 억압받고 투옥되었다.

이르쿠츠크 향토 박물관

Иркуский областной краеведческий музей

바르샤야 거리와 앙가라 강이 만나는 부근에 있는 빨간 벽돌로 만든 건물이다. 시베리아 동부에 사는 소수 민족의 식기와 민속 의상, 장난감 등이 전시되어 있다. 특히 샤먼에 관한 전시물이 많다.
시베리아 탐험으로 유명한 세레호프의 짐승 가죽으로 만든 카누도 있다. 2층에는 혁명부터 현대에 이르는 국가 건설에 관해 전시되어 있다.

주소_ ул. K=APлA Маркса 2
위치_ 그린라인 3번
시간_ 10~18시(여름 11~19시 / 월요일 휴관)
요금_ 300루블 / 사진을 찍으려면 50루블 추가

키로프 광장

Площадь Кирова

이르쿠츠크의 중심부에 있는 광장이자 중앙공원으로 시민들의 휴식처로 사랑받고 있다. 광장 곳곳에 꽃이 있는 화단과 나무들로 꾸며진 광장 뒤에는 이르쿠츠크 주청사가 자리하고, 중심에는 분수대가 있다.

광장 주변에 스파스카야 교회, 로마 가톨릭 교회, 이르쿠츠크 중 정부청사 등 주요 건물들이 모여 있는 중요한 공간이다. 볼거리가 광장 주위에 위치해 여행을 하다가 잠시 들러 한적한 분위기를 즐기는 것도 좋은 방법이다.

광장 근처

이르쿠츠크 주청사

키로프 광장 뒤편에 있는 이르쿠츠크 주청사는 중심가에 있다. 현 주청사 건물이 있는 자리에 큰 성모 성당이 있었지만 스탈린 통치시기에 폭파시키고 주청사가 들어서게 되었다. 경건한 분위기를 풍기는 주청사에는 주요 정부기관이 위치해 일반인들은 들어갈 수 없다. 외관만으로 관광객이 찾아갈 정도로 장엄한 분위기가 연출된다. 주청사 건물 앞에는 이르쿠츠크의 대표적인 광장인 키로프 광장이 있고, 뒤쪽에는 제2차 세계대전 참전용사를 기리는 승리의 광장이 자리해 있다. 청사 건물 뒤 외벽에 참전 용사들의 이름이 새겨져 있다.

영원의 불꽃

키로프 광장에서 밑으로 10분 정도 걸으면 나오는, 영원히 꺼지지 않는 불꽃인 '베츠느이 아곤'은 비가 오나 눈이 오나 꺼지지 않는다. 제2차 세계대전에 참전한 21만여 명 중에 목숨을 바쳐 나라를 지킨 5만 여명을 기리기 위해 만들어진 공간으로 러시아의 주요 도시 21개에 영원의 불꽃이 있다. 시민과 관광객의 방문을 위해 희생당한 사람들을 지속적으로 추모하고 있으며, 태풍이 와도 꺼지지 않는다고 할 정도로 잘 관리되고 있다. 주청사 건물 뒤쪽 벽에 참전용사 중 일부의 이름을 새기고 옆쪽으로 전쟁기념관이 함께 위치해 있다.

구세주 교회
Спасская церковь

1706년에 건축된 구세주 교회는 1672년에 목조건물로 시작해 지금은 동 시베리아에서 가장 오래된 돌로 지어진 교회로 외관에 원래 벽화가 남아 있다.
하얀 건물에 청색의 첨탑과 50m의 종루가 인상적인 건물은 성 표트르와 페브로니야 분가 가족과 부부를 수호하는 동상이 지키고 있다.

주소_ ул. Sukhe-Batora 2 **위치_** 그린라인 16번

모스크바 개선문
Московские триумфальные

러시아에는 모스크바로 향하는 개선문이 3개가 있다. 그중에 가장 처음으로 만들어진 모스크바 개선문은 알렉산드르 황제의 제위 10주년을 기념하기 위해 모스크바 거리가 향하는 방향으로 1813년에 19m의 4개의 층으로 노란색과 하얀색이 조화를 이루도록 만들어졌다.

주소_ ул. Sukhe-Batora 2 **위치_** 그린라인 16번

수카초프 미술관
Иркутский областной художественный им. В. П.

역사적인 공원에 아름다운 석조건물에 전시된 그림이 22,000점에 이르는 큰 미술관이다.
10 월 혁명 때까지 살았던 19 세기의 후원자 인 블라디미르 수카초프Vladimir Sukachev의 가족에게 헌정되었다. 오래된 스페인과 네덜란드의 가구와 그림도 포함되어 있다. 1874년 레핀의 '거지소녀 어부' 그림이 가장 유명하다.

주소_ ул. Ленина, 5
위치_ 그린라인 9번
시간_ 10~18시(월요일 휴관)
요금_ 120루블 **전화_** +7-3952-333-973

중앙시장
Центральный рынок

1848년부터 장작을 팔기 시작하면서 사람들이 모여 시장으로 발전했다. 지금은 깔끔한 건물에 매장이 있고 다양한 상품을 파는 시장이 되었지만 아직도 생선이나 고기, 과일 등을 가판대에서 판매하는 사람들을 보는 것도 좋은 구경거리이다. 추운 지방인만큼 모피나 방한 제품들이 많아서 그들의 생활을 엿볼 수 있다. 중앙시장의 주차장에서 리스트비얀카나 바이칼의 알혼섬으로 출발하는 버스와 투어가 모여 있어서 기다리면서 시장을 들르는 관광객이 많다.

홈페이지_ irkcr.ru
주소_ ул. Чехова, 22
시간_ 8~20시

트루베츠코이의 저택

Дом-музей Трубецких

원래, 1908년에 즈나멘스키Znamensky 수도원 근처에서 세워졌던 트루베츠코이Trubetskoy의 집이었다. 쿠데타 실패에서부터 이르쿠츠크 도착에 이르기까지 데카브리스트Decembrists의 이야기가 담겨있다. 내부로 들어서면 데카브리스트 혁명의 배경과 시베리아로의 험난한 여정, 노역 생활의 고난 등을 엿볼 수 있다. 당시 황제는 데카브리스트 부인들에게 귀족 신분을 유지하고 재가할 수 있는 기회를 주었으나 트루베츠코이Trubetskoy의 부인 예카테리나를 선두로 총 11명의 부인이 모든 것을 포기하고 남편을 따라 시베리아행을 선택했다.

홈페이지_ irkcr.ru
주소_ ул. Дзержинского, 64
시간_ 10~18시(월~수요일)
요금_ 200R
전화_ +7-3952-292-663

발콘스키의 집 박물관

Дом-музей Водконских

구석구석 그의 손길이 느껴지는 발콘스키의 집 내부에는 당시 가족의 일상이 고스란히 남아 있다. 응접실은 무도회와 콘서트, 문학의 밤, 음악회 등 사교 모임이 열려 늘 손님들로 북적였다.
부인 마리아Maria는 한구석에 놓인 그랜드 피아노에 앉아 손님들을 위해 좋아하는 곡을 즐겨 치면서 즐겼다고 한다. 천천히 둘러보다 보면 어느새 감미로운 선율이 들려오며 차디찬 시베리아의 긴 밤을 따뜻하게 밝히던 이 집으로 초대를 받은 상상에 빠지게 될지도 모른다.

카잔스키 대성당
Казанская церковь

이르쿠츠크에 있는 러시아 정교회로 화려한 건축물이 시선을 사로잡지만 오랜 역사를 가진 성당은 아니다. 포토 스팟 때문에 이르쿠츠크의 대표적인 관광코스로 뽑힌다. 붉은 색의 벽면과 파란색의 지붕이 대조를 이루는 성당의 모습은 웅장하고 화려하다.

다양한 성화와 조각들, 이콘iCon으로 꾸며진 성당의 내부는 경건하고 신비로운 분위기를 만든다. 벽과 천장에는 다양한 색으로 그려진 그림들이 화려함을 더하고 있다. 곳곳에 생화로 장식된 내부에는 꽃향기가 가득 차있다. 성당 앞으로 꽃과 잔디, 연못, 나무들로 아기자기한 정원도 있어 휴식을 취하기 좋다.

주소_ ул. Барриад, 34/1
시간_ 8~19시

즈나멘스키 수도원
Знаменский монастырь

메로프 광장에서 앙가라 강을 따라가다 우샤코프 강의 다리를 건너면 나온다. 이곳에는 데카브리스트 난으로 유배당한 귀족의 묘가 있다. 성당 안에는 부인들이 부르는 성가 소리가 들린다. 돔은 가장자리를 금색으로 칠한 성화로 꾸며져 있다. 먼 길을 오고 갔던 편지와 당시 기록들을 보고 있노라면 목숨을 건 사랑과 희생, 귀족이라는 신분을 무색하게 만든 숭고한 발걸음에 감동하지 않을 수 없다. 예카테리나는 이 도시에서 생을 마감해 3명의 아이들과 함께 도시 북쪽 안가라 강가에 위치한 즈나멘스키 수도원Знаменский монастырь에 잠들어 있다. 톨스토이의 대작 '전쟁과 평화'에 등장하는 주인공 발콘스키Водконских의 실제 모델인 데카브리스트 발콘스키Водконских도 시베리아에서 노역 생활을 마치고 이르쿠츠크에 정착했다.

주소_ ул. Ангарокая, 14
시간_ 7~20시
전화_ +7-3952-778-481

영화, 제독의 연인으로 재해석된 역사

콜차크 제독 동상 한동안 러시아의 영화 산업은 크게 주목받지 못했으나, 2008년 러시아 영화 탄생 100주년을 맞이해 대규모 예산이 투입된 대형 블록버스터 영화가 개봉했다. 한국에서는 '제독의 연인'이라는 제목으로 개봉된 이 영화는 볼셰비키 혁명에 반대하며 제정 러시아를 지지한 백군의 최고 사령관 콜차크 제독의 일대기를 보여준다. 실제로 러시아 해군 함대 기록보관소에서 그의 연인 안나와 마지막 4년 동안 주고받았던 서신 53통이 발견돼 그들의 사랑이 주목받았으며, 영화는 역사의 소용돌이 속에서 더욱 빛났던 그들의 사랑과 함께 콜차크 제독의 마지막 생애를 보여준다. 혁명 세력의 승리로 공산주의 정권이 들어서면서 콜차크 제독은 감옥에 수감돼 있다가 결국 총살되고 차가운 안가라 강에 던져져 그 시신조차 찾을 수 없었다.

역사는 다시 쓰여 그가 숨을 거둔 장소에는 거대한 그의 동상이 자리하고 있다. 그의 발아래에는 총구를 바닥으로 향한 채 서로 마주 보고 있는 백군과 적군의 모습이 보인다. 즈나멘스키 수도원 주변에 있는 동상 주위를 천천히 걷다 보면 시대에 따라 영웅이 될 수도, 반역자가 될 수도 있는 역사의 아이러니를 생각해보게 된다.

데카브리스트 기념관
Музей декабристов

'데카브리декабри'는 러시아어로 '12월'을 뜻하는 말로 '데카브리스트декабрис тов'는 1825년 12월 새로운 황제인 니콜라이 1세에 대해 혁명을 일으킨 사람들을 말한다. 반란은 러시아에 큰 영향을 미쳤기 때문에 이를 기리기 위해 박물관을 만들게 되었다.
1852년, 상트페테르부르크에서 일어난 데카브리스트декабристов 난에 가세한 귀족들은 이르쿠츠크로 유배를 당했다. 혁명을 일으킨 지도자였던 '발콘스키'가 유배되어 약11년 간 살았던 집을 개조해 만들었는데 가구, 피아노, 생활도구 등이 그대로 남아있다.
그들이 살던 집이 보존되어 당시의 목조 건축 양식을 알 수 있다. 건물 2층에는 실내정원으로 꾸며져 있고, 집안 곳곳에는 데카브리스트와 관련된 사진, 그림 등이 있다. 발콘스키가 살아있을 때 연주회나 낭송회 등을 열었던 거실이 복원되어 있다.

바이칼 호수
Óзеро Байкáл

러시아의 시베리아 남쪽에 있는 호수로, 북서쪽의 이르쿠츠크 주와 남동쪽의 부랴트 공화국 사이에 자리 잡고 있다. 남쪽에는 후브스굴 호이 있으며 현지인들은 두 호수를 자매 호수라고 부른다. 유네스코의 세계유산이며, 이름은 타타르어로 "풍요로운 호수"라는 뜻의 바이쿨에서 왔다. 약 2천 5백만~3천만 년 전에 형성된 지구에서 가장 오래되고, 가장 큰 담수호(淡水湖)이다.

시베리아 횡단열차를 타고 이동하는 관광객들이 가장 보고 싶어 하는 것이 천혜의 자연인 바이칼 호수를 만날 수 있기 때문이다. 시베리아의 진주라고 불리는 바이칼 호수는 세계에서 수심이 가장 깊은 1,742m로 알려져 있다.

350개나 되는 하천이 이곳으로 흘러들어오지만 흘러 나가는 것은 앙가라 강뿐이라는 말을 들으면 바이칼 호수의 규모를 짐작할 수 있다.

환 바이칼 철도(Circum–Baikal Railway, Кругобайкáльская желéзная дорóга)

러시아의 이르쿠츠크 지역에 있는 철도이다. 환 바이칼 철도는 시베리아 횡단철도에서 포트 바이칼부터 쿨툭까지의 구간이다. 러시아 황제 알렉산더 3세의 명으로 1891년에 착공한 시베리아 횡단철도 공사가 바이칼 구간만 빼고 1900년에 동서구간이 모두 완공되었다. 험준한 산악지역이라서 당시로서는 기술도 부족하고 돈도 많이 들어가는 난공사 구간이었기 때문이었다. 바이칼구간이 개통되던 1905년까지는 포트 바이칼 역에서 쇄빙선인 바이칼과 앙가라를 타고 바이칼 호수를 건넌 후 탄호이 역에서 다시 기차를 탔다. 얼음이 두껍게 어는 한 겨울에는 호수 위로 철로를 가설했다.
마지막 황제 니콜라이 2세의 명으로 유럽의 전문가들을 초빙하여 1899년 여름 환바이칼 철도 구간을 착공한 후 1905년에 완공하였다. 가장 난공사 구간이었던 바이칼 역으로부터 쿨툭 역까지 86km 구간에 터널 39개, 회랑(Gallery) 16개 그리고 다리와 같은 인공시설물이 470여개나 된다. 대체로 산을 깍아 철로를 놓았으며 반대로 호안공사(Revetment)를 한 경우도 많았다.

2차로 1911년부터 복선공사를 시작한 후 몇 개의 터널은 안전문제로 새로 만들었다. 1915년 복선공사가 마무리 된 후에야 시베리아 횡단철도가 기능을 발휘하게 되었다. 하지만 1956년 앙가라 강에 수력발전을 위한 댐을 만든 후 앙가라 강변에 있던 철로가 모두 물에 잠겨 새로운 철로를 놓아야 했는데 현재 사용하고 있는 우회 철로가 바로 그것이다. 물에 잠기지 않은 포트 바이칼부터 쿨툭까지의 구간은 시베리아 횡단철도에서 제외되어 방치되다가 1970년대에 들어서 바이칼 호수가 관광지로 알려지면서 단선만 보수하여 현재에 이르고 있다.

김치
Kimchi

이르쿠츠크에 오는 한국인 관광객은 상당히 패키지로 여행 온 관광객이 많은 데 빼놓지 않고 찾는 한국음식 레스토랑이다. 해외에서 한국 음식을 맛볼 수 있다는 것은 상당한 장점이기도 하다.
관광객이 한국인보다 중국인이 많기 때문에 중국, 일본의 음식 등 아시아 음식은 다 맛볼 수 있다. 비빔밥이 가장 무난하며 떡볶이를 빼고는 먹기에 나쁘지 않다.

홈페이지_ www.kimchi.ru
주소_ ул. Красноармейская, 2
시간_ 11~23시
요금_ 비빔밥 200루블~
전화_ +7 (395) 273-07-80

디자인 바
галерея / Design Bar

분위기 있는 칵테일 바로 진열장에 놓인 많은 술이 켜지고 다양한 보트카와 와인에 넣어 만든 칵테일이 마치 유럽의 바 분위기를 연출한다. 현지 젊은이를 대상으로 하는 바이기 때문에 러시아어만을 사용할 수 있어서 영어로도 대화가 통하지 않는다. 금요일부터 현지 젊은이로 북적이기 때문에 주말에는 미리 가서 자리를 잡고 있어야 한다.

주소_ ул. Карла-Маркса, 40(2층)
시간_ 18~다음날 새벽 02시
(금, 토요일에는 새벽04시)
전화_ +7 (395) 240-33-99

코체브닉
Кочевник

러시아 전통음식을 만드는 레스토랑으로 나무로 된 외부의 목조 건물느낌과 내부는 완전히 다른 몽고 스타일이다. 양고기가 주 메뉴인데, 약간의 비린내가 나는 것을 빼면 부드럽게 먹을 수 있다. 만두가 조금 짠 것을 제외하면 상당히 맛이 좋은 편이며 러시아 군만두처럼 보이는 삐라족은 1개 정도는 맛있게 먹을 수 있지만 2~3개부터는 느끼하다.

주소_ ул. Горького, 19
시간_ 11~24시
전화_ +7(395) 220-04-59

라솔닉
Рассольник

'절인 오이를 넣고 끓인 고기국'이라는 뜻의 레스토랑으로 130번 지구에 있는 목조 건물에 위치해 있다. 목조 분위기를 맞추려는 듯이 입구부터 인상적인 레스토랑이다. 연회장 같은 분위기로 조명까지 고급 레스토랑 같지만 음식은 러시아 전통음식을 팔고 있는 반전이 있다.
러시아 만두와 부침개가 느끼하지만 맛있다. 주말에는 가족고객이 많아 기다리기도 한다.

주소_ ул. 3 Июля, 3
시간_ 12~24시(일~목, 금, 토요일은 새벽 02시까지
전화_ +7(395) 268-68-78

프레고
Prego

이르쿠츠크에서 이탈리아 전통 레스토랑으로 인기가 높은 레스토랑으로 칼막스 거리ул. Карла Маркса에 있다. 데이트를 즐기는 연인들이 많이 찾는 비싼 레스토랑이지만 디저트, 메인 음식인 피자 순서로 주문하면 된다.

현지인에게 맛좋은 맛집으로 소문나 있지만 전통 이탈리아 음식 맛은 아니어서 살짝 실망할 수 있다. 점심시간에 런치코스가 14시까지 저렴하게 제공되므로 이용해 보자.

홈페이지_ www.istproject.ru
주소_ ул. Карла Маркса, 15а
시간_ 12~24시
전화_ +7(395) 297-97-57

브래서리 bbb
Bresserie bbb)

이르쿠츠크를 시베리아의 '파리'라고 부르는 수식어가 어울리는 칼막스 거리ул. Карла Маркса에 위치한 브래서리 bbb는 이르쿠츠크 젊은이들이 가장 좋아하는 레스토랑으로 알려진 곳이다. 내부는 서유럽 스타일로 장식되어 자유스럽고 2층은 특히 벽면에 장식된 사진들과 악세사리는 마치 유럽을 표방하는 듯해 러시아의 이르쿠츠크와는 이질적이기까지 하다.

이곳은 특히 밤 12시까지 운영을 하기 때문에 밤에 먹고 싶을 때 찾으면 좋을 장소로 매콤한 맛의 버거와 햄&에그가 인기 메뉴이다.

주소_ ул. Карла Маркса, 41/1
시간_ 08~24시
전화_ +7(395) 242-23-39

피가로
Figaro

러시아 방송에 소개된 적도 있는 이르쿠츠크를 대표하는 현대적인 분위기 좋은 레스토랑이다. 유럽과 아시아 요리를 직접 현지에서 경험하고 왔다는 셰프가 직접 퓨전요리를 해주는 것이 인상적이다. 런치코스 600루블 정도의 코스 요리를 많이 주문하기 때문에 비싸기도 하지만 러시아의 작은 도시에서 셰프의 음식을 맛볼 수 있는 경험은 잊을 수 없다. 다만 음식이 전체적으로 짜기 때문에 스테이크를 주문하면 부드러운 고기를 즐길 수 있지만 샐러드는 한국인의 입에는 맞지 않는다.

홈페이지_ www.figaro-resto.com
주소_ ул. Карла Маркса, 22
시간_ 10시 30분~24시
전화_ +7(395) 229-06-07

여행 러시아어 회화

입국

당신은 어떤 목적으로 여행을 왔나요?
Какая у вас цоездки?
까까- 야 우 바스 잴 빠예-스트끼

관광 목적입니다.
Для турйзма.
들랴뚜리-즈마

블라디보스토크에서 어디에 머무를 겁니까?
Где вы будете в Петербурге?
그제 □ 부-지쩨 뻬쩨르부르그?

환전

어디에 환전소가 있나요?
Где пункт обмена валюты?
그제 뿐크뜨 아브메-나 발류-띄?

저는 200달러를 루블로 바꾸고 싶습니다.
Я хочу обменятьа двести/сто(200/100) долларовна рубли.
야 하추- 아브미냐-치 드베-스찌-/스또 도-ㄹ라러 프나 루블리-

교통

시내까지 어떻게 가나요?
Как добраться до центра?
까그 다브라-짜 다쩨-ㄴ뜨라

버스정류장은 어디입니까?
Где остановка автобуса?
그제 아스따노-프까 아프또-부싸?

버스표는 얼마입니까?
Сколько стоит талон на автобус?
스꼬-ㄹ 꼬 스또-이트 딸로-ㄴ 나 아프또-부스?

루스키까지는 얼마입니까?
Сколько стоит до готйницы Остров Русский?
스꼬-ㄹ까 스또-이트 다 가스찌-니□ 루스키?

이 기차는 블라디보스토크행입니까?
Этот поезд во Владивосток?
에-떠트 뽀-이즈드 바블라지바스또-크?

레스토랑 & 카페

저녁7시에 2인 자리를 예약할 수 있을까요?
Можно заказать столик на двойх в семь вечера?
모-쥐나 나까자-치 스또-ㄹ리크 나 드바이-흐 프□ 베-치라?

안녕하세요. 당신들은 몇 분이세요?
Добрый день. Сколько у вас человек?
도-브르이젠 스꼬-ㄹ까 우 바스 칠라베-크?

메뉴 좀 보여주실래요?
Покажйте, пожалуйста, мено?
빠까쥐-쩨 빠좌-ㄹ루이스따 미뉴-

전 보르쉬를 먹고 싶어요.
Я хочу борщ.
야 하추- 보르쉬

계산서를 가져다 주실래요?
Принесйте, пожалуйста, счёт?
쁘리니씨-쩨 빠좌-ㄹ루이스따 쇼-트?

화장실은 어디에요?
Где туалет?
그제 뚜 알례-트?

여기서 드세요? 아니면 포장이세요?
Здесь или с собой?
즈졔시 일리 스싸보-이?

쇼핑

그냥 봐도 될까요?
Можно просто смотреть?
모-쥐나 쁘로-스따 스마뜨례-치?

이것은 얼마에요?
Сколько стоит это?
스꼬-ㄹ까 스또-이트 에-따?

저 이거 살께요?
Я возьму это.
야 바지무- 에-따.

너무 비싸요.
Очень дорого
오찐 도러거.

주마는 어디에 있나요?
Где находится ZUMA?
그졔 나호-지쨔 주마?

관광

티켓은 어디에서 살 수 있나요?
Где можно купить билеты в театры?
그졔 모-쥐나 꾸삐-치 빌례-띄 브 찌아-□?

이 박물관은 몇 시에 개관(폐관)하나요?
В котором часу открывается(закрывается) этот музей?
프까또-럼 치쑤- 아트끄□바-이쨔(자끄□바-이쨔) 에-떠트 무제-이?

걸어서 갈 수 있어요?
Можно дойти пешком?
모즈너 다이찌 삐쉬꼼?

조대현
63개국, 198개 도시 이상을 여행하면서 강의와 여행 컨설팅, 잡지 등의 칼럼을 쓰고 있다. MBC TV 특강 2회 출연(새로운 나를 찾아가는 여행, 자녀와 함께 하는 여행)과 꽃보다 청춘 아이슬란드에 아이슬란드 링로드가 나오면서 인기를 얻었고, 다양한 강의로 인기를 높이고 있으며 '트래블로그' 여행시리즈를 집필하고 있다.
저서로 크로아티아, 모로코, 호주, 가고시마, 발트 3국, 블라디보스토크, 퇴사 후 유럽여행 등이 출간되었고 후쿠오카, 러시아 & 시베리아 횡단열차, 폴란드, 체코&프라하, 아일랜드 등이 발간될 예정이다.

폴라 http://naver.me/xPEdID2t

정덕진
10년 넘게 게임 업계에서 게임 기획을 하고 있으며 호서전문학교에서 학생들을 가르치고 있다. 치열한 게임 개발 속에서 또 다른 꿈을 찾기 위해 시작한 유럽 여행이 삶에 큰 영향을 미쳤고 계속 꿈을 찾는 여행을 이어 왔다. 삶의 아픔을 겪고 친구와 아이슬란드 여행을 한 계기로 여행 작가의 길을 걷게 되었다. 그리고 여행이 진정한 자유라는 것을 알게 했던 그 시간을 계속 기록해나가는 작업을 하고 있다. 앞으로 펼쳐질 또 다른 여행을 준비하면서 저서로 아이슬란드, 에든버러, 발트 3국, 퇴사 후 유럽여행, 생생한 휘게의 순간 아이슬란드가 있다.

트래블로그

블라디보스토크 & 하바롭스크, 이츠쿠츠크

초판 1쇄 인쇄 I 2019년 7월 24일
초판 1쇄 발행 I 2019년 7월 29일

글 I 조대현, 정덕진
사진 I 조대현
펴낸곳 I 나우출판사
편집 · 교정 I 박수미
디자인 I 서희정

주소 I 서울시 중랑구 용마산로 669
이메일 I bluewizy@gmail.com

979-11-89553-01-2 (13980)

※ 일러두기 : 본 도서의 지명은 현지인의 발음에 의거하여 표기하였습니다.